ACTION DE L'AIR

ET

DE LA LUMIÈRE

SUR LES

MÉDICAMENTS CHIMIQUES

Paris. — Imp. Gauthier-Villars, 55, quai des Grands-Augustins,

ACTION DE L'AIR

ET

DE LA LUMIÈRE

SUR LES

MÉDICAMENTS CHIMIQUES

PAR

P. CHASTAING

Pharmacien de l'hôpital de la Pitié, docteur ès-sciences,
Professeur agrégé à l'École de Pharmacie.

PARIS

IMPRIMERIE GAUTHIER-VILLARS

55, QUAI DES GRANDS-AUGUSTINS, 55

—

1879

ACTION DE L'AIR

ET

DE LA LUMIÈRE

SUR LES

MÉDICAMENTS CHIMIQUES

INTRODUCTION

L'étude de l'action de l'air et de la lumière sur les médicaments chimiques présente, non-seulement au point de vue scientifique, mais aussi au point de vue pratique, le plus haut intérêt; car il ne suffit pas au pharmacien de préparer avec soin les substances qu'il emploie chaque jour, une obligation constante s'impose encore à lui, c'est celle de les conserver à l'abri de toute modification. Il faut avouer que ce but ne saurait être atteint complètement; nous tâcherons du moins, après avoir défini ce qu'il faut entendre par médicament chimique, de préciser les causes et la nature de ces altérations et d'établir les moyens de les éviter.

Par médicaments chimiques, on doit entendre tous ceux contenant uniquement une ou plusieurs substances à formules définies. Les agents qui modifient le plus activement ces corps sont sans aucun doute l'air et la lumière. Pour se faire une idée réelle des effets qu'ils produisent, le mieux étant de considérer leur action isolément, je divise cette étude comme il suit : 1° Action de l'air ; 2° Action de la lumière ; 3° Action simultanée de l'air et de la lumière.

PREMIÈRE PARTIE

ACTION DE L'AIR

Etant donné le sujet que nous traitons, on peut se contenter de considérer l'air comme un mélange d'oxygène, d'azote, d'acide carbonique, de vapeur d'eau et de poussières métalliques ou carbonées ; ces dernières sont organiques ou organisées, c'est-à-dire contenant des germes.

Il y aura donc lieu de rechercher l'action exercée par ces différentes substances ; mais, afin de ne point allonger outre mesure un sujet aussi vaste, il ne sera tenu compte ni de l'action de l'azote ni de celle de l'ozone, ces deux points pouvant sans un inconvénient trop grave être négligés dans le présent sujet.

Les anciens pharmacologistes n'avaient sur l'action de l'air aucune idée précise, mais avec les progrès de la chimie ce chaos disparut peu à peu : nous nous trouvons donc amenés immédiatement à considérer l'état des connaissances sur cette question au commencement du siècle.

Vers 1820, Virey nous dit que l'air sec retarde généralement la putréfaction des substances pharmaceutiques (1), tandis qu'elle est plus facile dans un air qu'on renouvelle, cet air apportant les miasmes putrides, et il conseille d'avoir recours aux fumigations acides (2), mais il ajoute que cette action se produit même dans le vide (3). Il constate enfin que l'air ne se borne pas à dessécher les substances, mais qu'il les oxyde avec dégagement d'acide carbonique ; que le tanin et les extraits perdent peu à peu de leur solubilité (4).

En 1834, Guibourt, après Vogel, indique les précautions à prendre pour éviter les altérations produites par la lumière sur le phosphore, l'eau chlorée, l'acide azotique ; il donne les moyens de conserver les acides, les alcalins, les sels déliquescents ou efflorescents, les éthers, etc... (5).

Lecanu (par le plan même de son traité de pharmacie) attire l'attention sur cette importante question de l'action de l'air sur les médicaments.

Depuis, un grand nombre de faits nouveaux s'ajoutèrent à ce qu'on savait déjà ; ces faits trouveront place dans le cours de ce travail.

ACTION DE L'OXYGÈNE

Les médicaments ne se trouvant jamais en présence d'oxygène sec (car l'air contient toujours

(1) Virey, *Traité de phar. théor. et pratiq.* 1823, t. II, p. 536.
(2) Virey, t. II, p. 556.
(3) Mme Darconville. *Essai sur la putréfaction* (cité par Guyton de Morveau).
(4) Virey, t. II, p. 448 et 449.
(5) Guibourt, *Pharmacopée raisonnée*, 1834, t. II. p. 648.

une certaine quantité d'eau), les effets que produirait ce gaz sec ne sont point à considérer spécialement ; c'est l'oxygène, tel qu'il existe dans l'air,
avec son état hygrométrique ordinaire, qui doit
presque uniquement nous arrêter. Mais, pour la
commodité de l'étude, une différence sera faite
entre l'action de l'oxygène sur les substances elles-
mêmes et celle qu'il exerce sur les solutions de
certains acides, bases ou sels.

I. *Action de l'oxygène sur les substances elles-mêmes.*

Étudions l'action de l'oxygène d'abord sur les
métalloïdes, puis sur les métaux, les oxydes et les
sels, et enfin sur les corps organiques.

En suivant cette marche, le *phosphore* se présente d'abord : son avidité pour l'oxygène est
connue depuis sa découverte. A l'air, il donne ce
que l'on appelait autrefois l'acide phosphatique.
Dans l'oxygène pur, il ne s'oxyde pas, mais la
diminution de pression à 1/5 d'atmosphère détermine l'oxydation (1). Thénard cherchait à expliquer cette différence d'effet en supposant que
l'azote, ajouté à l'oxygène dans l'air atmosphérique, favorisait la combustion, soit en isolant les
atomes d'oxygène, soit en s'unissant au phosphore
et le dissolvant (2).

Cette oxydation, qui s'arrête vite si l'air est sec,

(1) Bellani, *Bull. de pharm.*, t. V, p. 489.
(2) Thénard, *Traité de chim. théor. et prat.*, t. I, p. 294.

par suite de la formation d'une couche d'acide phosphoreux anhydre, produit de l'ozone ; et le dégagement de chaleur qui l'accompagne peut, s'il n'est perdu, déterminer l'inflammation du phosphore. Du reste, ce corps, très divisé, s'oxyde tellement vite, qu'il s'enflamme à l'air. Parfois, le phosphore, conservé sous l'eau, blanchit à la surface ; il est alors qualifié de phosphore blanc ; il y a, dans ce cas, oxydation ; mais, comme l'action simultanée de l'air et de la lumière semble nécessaire, il en sera parlé plus loin.

Les lueurs produites par le phosphore sont toujours dues à un phénomène d'oxydation. Ce corps luit même dans le vide barométrique, non parce qu'il sature, comme on l'a dit, le vide barométrique de sa propre vapeur, mais simplement parce qu'il utilise, même dans le vide, les traces d'oxygène restées adhérentes au fragment de phosphore.

Pour éviter l'action de l'oxygène sur le phosphore, on a conseillé de le conserver sous de l'eau privée d'air ; c'est encore actuellement le meilleur procédé ; mais il faut, de plus, avoir la précaution de placer les vases qui contiennent ce corps et l'eau dans l'obscurité.

Faisant partie de la même famille chimique que le phosphore, l'*arsenic* manifeste aussi une grande affinité pour l'oxygène. Le procédé de conservation est le même que pour le phosphore : l'arsenic est placé sous de l'eau non aérée. Malgré cette précaution, il y perd son éclat ; pour le lui rendre, on a conseillé de le faire bouillir quelques minutes avec une solution moyennement concentrée de bichromate de potasse légèrement acidifiée par l'acide sulfurique. Le même conseil a été donné pour enlever la couche blanche qui se forme dans l'eau sur le phosphore; mais ce dernier corps, avec un tel procédé, peut s'enflammer. Il n'y a donc lieu de conseiller cette manière d'opérer ni pour l'un ni pour l'autre de ces deux métalloïdes (1).

L'oxygène attaque un certain nombre de *métaux*. Mais, comme l'oxygène de l'air contient de la vapeur d'eau et que cette vapeur est nécessaire pour qu'il y ait oxydation (excepté pour le potassium et le rubidium), on a supposé que la vapeur d'eau agissait doublement dans cette action chimique; que, d'une part, en se liquéfiant en partie, par les changements de température qui surviennent, elle dissolvait une certaine quantité d'oxygène, et le rendait capable, en lui faisant perdre son état élastique, de se combiner avec le métal; et que, de l'autre, elle favorisait encore cette union par sa tendance à s'unir elle-même avec l'oxyde métallique pour former un hydrate (2).

L'action peut être superficielle ou profonde selon la nature du métal; le zinc et le fer en sont deux exemples. En tous cas, l'état de grande division du métal facilite l'oxydation; on peut même obtenir des métaux tellement divisés, qu'en s'oxydant ils s'enflamment à l'air; exemple, le fer pyrophorique.

(1) *Amer. Jour. of. pharm.*, novembre 1870.
(2) Thénard, t. I, p. 336.

Ajoutons que, pour certains chimistes, le fer ne serait pas attaqué par O, HO ou CO^2 isolément, mais simultanément; il se formerait CO^2FeO; puis, Fe^2O^3 et CO^2 devenu libre réagirait sur les portions voisines. Aussi a-t-on conseillé de conserver le fer au contact d'une solution alcaline.

Un alliage de deux métaux, l'un oxydable, l'autre inoxydable, absorbe l'oxygène de telle sorte que le premier métal seul passe à l'état d'oxyde (1).

Parmi les métaux employés en pharmacie, le *fer* et le *bismuth* sont les seuls oxydables à la température ordinaire, et encore l'oxydation du bismuth est sensiblement nulle; elle produit les irisations qui lui donnent un si bel aspect.

Les oxydes employés en pharmacie ont peu à craindre de l'oxygène de l'air (la litharge y absorbe O), mais les sels méritent une étude sérieuse. On peut étudier l'action de l'oxygène ou sur tous les sels d'un même métal, ou sur tous les sulfures, tous les chlorures, etc. Ces deux marches présentent des avantages et des inconvénients selon les corps que l'on considère : nous suivrons donc l'une et l'autre, appliquant la première quand la propriété dominante des sels est propre à la base; la seconde, quand les modifications les plus importantes semblent dues à la présence de l'élément électro-négatif.

Les *sulfures alcalins* fixent peu à peu l'oxygène; mais, comme cette action est plus marquée sur leurs solutions, comme de plus l'analyse de l'effet

(1) Thénard, t. I, p.614.

produit n'est complètement possible que dans cette dernière condition, on reviendra sur ce sujet à propos de l'action de l'oxygène sur les solutions. Mais il importe de remarquer qu'il n'y a pas action seulement sur les sulfures solubles; les sulfures insolubles, bien que moins altérables, s'oxydent aussi : le sulfure de fer prismatique se transforme facilement en sulfate; Thénard fait remarquer que l'air décolore peu à peu le *kermès*, ou du moins en fait pâlir la teinte (1); le Codex recommande de conserver ce corps dans des bocaux très secs, à l'abri du contact de l'air et de la lumière. On constate dans les sulfites la même affinité pour l'oxygène : ainsi, le sulfite de potasse se transforme peu à peu en sulfate.

On peut rapprocher les *iodures* et *bromures* des différents métaux. — L'iodure de potassium bien préparé n'est pas altéré (excepté dans le cas où l'air contient de l'ozone), tandis que les cristaux d'iodure de sodium exposés à l'air brunissent, par suite de la mise en liberté de l'iode; le même effet se produit avec les *iodures de calcium* et *d'ammonium*. Il en est de même du *bromure de calcium*, qui, d'abord incolore, jaunit peu à peu, en abandonnant du brome (2).

Les *bromure* et *iodure de fer* sont tellement altérables, qu'il est à peu près impossible de les conserver en bon état pendant un certain temps. L'iodure de fer, qui, pur et anhydre, est blanc et pul-

(1) Thénard, t. III, p. 423.
(2) James Merccin, *Amer. Jour. of. pharm.*, janv. et mars 1872.

vérulent, devient cristallin en présence des moindres traces d'eau que contient l'air, puis il se colore (1); en même temps, il y a fixation d'oxygène, formation de sesquioxyde de fer et mise en liberté d'iode.

Les *hypophosphites* secs sont inaltérables, tandis qu'en solution ils s'oxydent lentement. Les *phosphites*, au contraire, sont beaucoup plus stables, car ils résistent à l'action de l'air même en solution.

Si l'on considère tous les *sels* d'un même métal, le *fer*, on peut dire d'une façon tout à fait générale que les sels ferreux sont oxydés par l'air et tendent à passer à l'état de sels ferriques. Le *carbonate ferreux* possède cette propriété au plus haut degré; le *chlorure ferreux* absorberait rapidement l'oxygène (2) (je n'ai point constaté ce fait avec la solution de ce sel).

Le *sulfate ferreux* contient toujours un peu de sesquioxyde de fer; le *sulfate de fer d'ammoniaque* lui-même est oxydé, mais beaucoup plus lentement. En solution, ces deux sels précipitent du sesquioxyde de fer au bout de quelques heures, a quantité d'acide sulfurique étant insuffisante pour transformer le fer en sulfate de sesquioxyde. Welborn prétend conserver sans altération sensible le sulfate de fer en enfermant un léger fragment de camphre dans le vase qui le contient (3). Le *phosphate ferreux*, qui se présente sous l'aspect d'une poudre blanche verdâtre, se transforme, en pré-

(1) De Luca et Favilli, *Comp. rend.*, t. LV, p. 615.
(2) Lecanu. *Traité de pharm.*, t. II, p. 164.
(3) Welborn. *Pharmac. Jour.*, mai 1868.

sence de l'air et de l'humidité, en phosphate basique présentant une teinte ocracée.

Les effets de l'oxygène atmosphérique ne sont pas moins marqués sur les corps organiques : en règle générale, l'oxygène se fixe en partie sur ces substances et en partie se combine à leur carbone pour donner de l'acide carbonique qui se dégage.

Étudions d'abord l'action exercée sur les *carbures* et prenons comme exemple l'*essence de térébenthine*.

Le térébenthène absorbe l'oxygène, et cette absorption est accompagnée d'une combustion lente du carbure. Il se forme de l'acide acétique (1) et de l'acide formique (2) ; de plus, il y a production d'acide carbonique.

Les déterminations suivantes ont été faites par M. Berthelot (3) sur :

En 30 jours,
la matière étant placée sur le mercure,
dans une cloche pleine d'oxygène.

	O absorbé par 100 p. en poids.	CO_2 formé par 100 p. en poids.
Ess. téréb. franç. (Lévo).	3,4	0,10
— angl. (Dextro).	4,7	»
— suisse (Lévo).	4,9	»

Un autre produit de la combustion lente de cette essence est le cymène obtenu par perte de H_2 et formation d'eau (4). Tout l'oxygène qui disparaît

(1) Boissenot et Persoz., *An. de ch. et de phy*. (3), t. XXXI, p. 442.

(2) Weppen et Kolbe., *An. des Chem. u. phar*. t. XLI, p. 294 ; Laurent, *Revue scientifique*, t. X, p. 126.

(3) Berthelot, *An. de ch. et de phy*. (4), t. XVI, p. 165.

(4) Wright, *Jour. of the Chem. Soc.*, 1873, t. XI ; Orlowski. *Berichte,* 1873, p. 1257.

n'est pas, immédiatement du moins, combiné au carbure ; pour Schœnbein, il y aurait formation d'ozone (1) ; en tous cas, cette essence, après avoir été exposée à l'air, oxyde l'acide malique avec formation d'acide oxalique (2). A l'air libre, elle cède à l'indigo, en sept mois et demi, pour le décolorer, 168 fois son volume d'oxygène. Pour M. Berthelot, cet oxygène actif n'est pas de l'ozone ; c'est de l'oxygène fixé par le carbure à l'état d'une combinaison peu stable qui le céderait facilement, et serait comparable, par exemple, à l'acide hypoazotique, apte à oxyder un très grand nombre de corps sur lesquels l'oxygène libre est sans effet (3). M. Kingzett arrive aux mêmes conclusions ; pour lui, le corps à oxygène disponible serait $C^{20} H^{14} O^{8}$, dérivé de l'acide camphorique anhydre ; mais il est regrettable qu'on n'ait pas pu isoler l'acide camphorique, dont les caractères n'auraient plus laissé de doute (4).

On verra dans la troisième partie que la lumière active très notablement la fixation de l'oxygène sur le térébenthène.

Beaucoup d'essences contiennent des carbures isomères de l'essence de térébenthine. Le *baume de Tolu,* distillé avec l'eau, produit un carbure de formule $C^{20} H^{16}$, bouillant à 160°, et qui, conservé

(1) Schœnbein, *Zeit. für. prakt. Chem.*, t. LXXX, p. 257 ; t. XCIX p. 11 ; t. C, p. 469, t. CII, p. 145.
(2) Berthelot, *An. de ch. et de phy.* (3), t. LXI, p. 462.
(3) Berthelot, *An. de ch. et de phy.* (3), t. LVIII, p. 426.
(4) *Jour. of the Chem. Soc.*, juin 1874 et mars 1875.

à l'air, devient visqueux (1). L'air agit sur ce corps comme sur l'essence de térébenthine. Quelque chose d'analogue se produit aussi sur l'*éther* des pharmacies : on a remarqué, en effet, que l'éther dit sulfurique le mieux rectifié, conservé dans des flacons à moitié remplis et que l'on ouvre de temps en temps, s'altère à la longue, augmente de densité, diminue de volatilité, et devient acide par suite de la formation d'acide acétique. Cette remarque est · de Planche (2), et elle a été confirmée par Gay-Lussac (3). L'éther ainsi modifié transforme l'acide chromique en acide perchromique. Le corps qui, dans l'éther, produit cette oxydation de l'acide chromique, semble être un composé à oxygène disponible, analogue au composé qui se forme dans l'essence de térébenthine.

Pour certains chimistes, l'éther se trouvant en présence d'air, il y aurait formation d'ozone.

Dans le cas de l'*essence d'amandes amères,* il suffit de tenir compte de l'action exercée par l'oxygène uniquement sur l'aldéhyde benzoïque. Cette action est ici celle que le gaz exerce sur tous les aldéhydes, c'est-à-dire qu'il y a fixation de O^2 et formation d'acide benzoïque. L'essence d'amandes amères forme, comme celle de térébenthine, un produit à oxygène disponible, avec cette différence, cependant, que cet oxygène ne resterait disponible que pendant un temps très court ; aussi les parti-

---

(1) Deville, *An. de ch. et de phy.* (3), t. III, p. 152.
(2) Guibourt, *Pharmacopée raison.*, t. II, p. 473.
(3) Gay-Lussac, *An. de ch. et de phy.*, t. II, p. 98.

sans de la formation de l'ozone admettaient-ils que cet agent actif était utilisé dans l'essence d'amandes amères aussitôt sa formation, tandis qu'il restait disponible un certain temps dans l'essence de térébenthine.

Les *acides organiques* eux-mêmes ne sont point à l'abri de l'action de l'oxygène, car Bixio a remarqué qu'une solution faible d'acide oxalique se décomposait totalement en s'oxydant à la longue. Ce fait n'a rien d'étonnant, car à 100° la dissolution d'acide oxalique se dissocie en acides carbonique et formique (1).

Les *alcaloïdes* et *leurs sels*, ordinairement blancs au moment de la préparation, se colorent au bout d'un temps plus ou moins long. Mais c'est surtout pendant la préparation de ces substances actives que l'oxygène joue un rôle destructeur. Ainsi, il colore l'*ésérine* en rouge ou en rose : cet effet est facilité par la présence des alcalis, mais alors la couleur passe au vert et au bleu.

L'*acétate de morphine* doit être conservé dans des flacons bien remplis et à l'abri de l'air. La *conicine* sera distillée dans un courant d'hydrogène ; conservée à l'air, elle s'oxyde en passant par une série de nuances, elle noircit et finalement se transforme en un produit résineux ; la facile oxydabilité de la *curarine* est la cause de la difficulté qu'on rencontre lorsqu'on veut l'isoler.

Dans la préparation de l'*aconitine* cristallisée,

(1) Carles, *Bull. de la Soc. chim.*, 1870, t. XIV, p. 42.

M. Duquesnel recommande d'opérer le plus possible à l'abri de l'air.

Le *chlorhydrate d'apomorphine* devient vert à l'air et augmente de poids (1), fait qui établit la fixation de l'oxygène si l'on suppose qu'il n'y a point d'eau d'absorbée.

Enfin, il semble que l'oxygène de l'air, en présence de l'eau, soit la cause qui empêche d'obtenir l'*hyosciamine* solide, comme l'ont eue Geiger et Hesse.

II. *Action de l'oxygène sur les solutions.*

On peut, de prime abord, penser qu'il n'existe peut-être point de raisons légitimant la distinction faite ici entre l'action de l'oxygène sur les médicaments chimiques et l'action exercée sur leurs solutions. Pour un grand nombre, il n'y a en effet aucune différence ; mais, si l'on considère les *sulfures alcalins*, le *sulfate ferreux*, le *tanin*, etc..., on comprend, au point de vue pratique, l'utilité de cette division. Il existe en effet des corps qui, solides, sont ou semblent être inaltérables, et ces mêmes corps, en solution, s'oxydent avec une grande facilité. De plus, la solution est, dans bien des cas, une action chimique, et forme des hydrates qui ne jouissent plus des propriétés qu'avait la substance avant action de l'eau. Enfin, la solution permet de

(1) Matthiessen, *Chem. News.*, t. XIX, p. 289-302.

suivre pas à pas les différentes modifications produites par l'oxygène.

Les *sulfures alcalins* ne peuvent être facilement
étudiés qu'en solution : Thénard fait remarquer
qu'étant donnée une solution aqueuse d'hydrosulfate, il résulte, par influence de l'air, en quelques jours : 1° de l'eau et un hydrosulfate sulfuré
et soluble; 2° de l'eau et un hyposulfite incolore,
qui, s'il est à base de potasse, de soude, de stron-
tiane, reste en solution, mais qui se précipite en
cristaux aiguillés s'il est à base de baryte. On voit
donc que l'oxygène de l'air se combine d'abord à
une partie de l'hydrogène, de l'hydrosulfate, rend
aussi le soufre prédominant dans ce composé, et
qu'ensuite il se combine tout à la fois avec l'hydrogène et une portion du soufre de l'hydrosulfate
sulfuré qui s'est formé. Or, comme l'hydrosulfate
sulfuré est jaune, le premier effet de l'air doit être
de colorer l'hydrosulfate; mais, comme l'hyposulfite est sans couleur, le second effet de ce fluide
doit être de détruire la nuance qu'il avait d'abord
développée (1).

Ceci est applicable aux monosulfures alcalins;
au contact de l'air, ils se transforment en hypo-
sulfits et carbonates. La solution peut jaunir par
suite de l'action de l'acide carbonique, qui met en
liberté de l'acide sulfhydrique, d'où l'oxygène sépare du soufre, qui se dissout dans le monosulfure.
Cet effet se produit même sur les cristaux. Les

(1) Thénard, t. III, p. 407.

trisulfures en solution donnent à l'air un dépôt de soufre (Berzélius); les tétra et les pentasulfures se conduisent de même.

Les solutions sulfureuses s'altérant rapidement au contact de l'air, on a conseillé de remplir de cailloux les bouteilles qui les contiennent pour remplacer le volume de liquide employé; Robinet dit même de recouvrir le liquide d'une mince couche d'huile (1), mais ce procédé est loin d'être parfait, car l'huile elle-même s'altère peu à peu, et transmet au liquide sous-jacent certains produits formés par le contact de l'air.

La solution d'*hydrogène sulfuré*, en présence d'air, forme de l'eau et dépose du soufre. Mais on a remarqué que la solution de ce gaz, dans la glycérine étendue de son poids d'eau (solution moins concentrée que la solution aqueuse), se conservait très longtemps. Au bout de quinze mois, elle exerce sur les solutions métalliques une action aussi énergique que si elle venait d'être préparée (2). Néanmoins, il convient d'ajouter que la solution aqueuse de ce gaz se conserve bien dans des flacons de moyenne capacité, pleins et hermétiquement fermés.

Le *gaz sulfureux* et l'oxygène secs sont sans action l'un sur l'autre; mais les solutions de ce gaz doivent être faites avec de l'eau privée d'air, parce qu'une portion de l'acide sulfureux serait transformée en acide sulfurique.

(1) Robinet, *Union pharma.*, août 1869.
(2) Lepage, *Jour. de phar.*, avril 1867.

On conserve cette solution comme celle d'hydrogène sulfuré.

Le soluté d'*iodure d'arsenic* évaporé sans le contact de l'air paraît, d'après Guibourt, ne pas éprouver d'altération. (La solution aura été faite dans de l'eau privée d'air.) Par le contact de l'air, l'arsenic s'oxyde, de l'iode se dégage, et il se forme un oxyiodure blanc nacré (1).

L'*iodure de calcium* se conduit de même : lorsqu'on évapore une solution de ce sel (qui est déliquescent), il faut opérer dans une cornue; car à l'air libre, surtout vers la fin de l'opération, le calcium s'oxyde et l'iode se dégage. Ce fait s'explique en considérant les valeurs thermiques établies par M. Berthelot, et qui répondent à la combinaison du calcium avec l'oxygène et l'iode, car $Ca + I = Ca\,I$ dégage $59^c,1$: tandis que $Ca + O = CaO$ dégage $65^c,7$ (2).

Les *sels ferreux*, dont nous avons parlé plus haut, sont altérés bien plus rapidement en solution qu'à l'état solide : on le constatera facilement avec le sulfate et l'iodure ferreux. La solution de ce dernier sel pourrait être conservée en présence d'une lame de fer. Introduit dans le sirop de sucre, le *soluté d'iodure de fer* conserve son altérabilité; aussi Tilden (3) a conseillé de placer ce médicament sous une couche d'huile, et Attfield, repre-

---

(1) Guibourt, *Phar. rais.*, t. II, p. 554; *J. de phar.*, t. XII. Voyez aussi Plisson, *An. de ch. et de phy.* (2), t. XXXIX, p. 265.
(2) Berthelot, *Revue scient.*, 18 mai 1878, p. 1091-1093.
(3) Tilden, *Pharm. Jour.*, déc. 1867.

nant cette même question, fait remarquer qu'il n'y a pas simplement fixation de l'oxygène sur le métal, mais que l'eau serait détruite par suite de la formation d'acide iodhydrique; le sirop rougit alors le tournesol.

Les altérations éprouvées par la *solution de tanin* sont bien connues, mais on est en droit de se demander si l'oxygène de l'air suffit à les déterminer, et si elles ne tiennent pas à quelque autre cause. Un fait certain, constaté par Gorup-Besanez, est que l'ozone agit activement sur cette solution, car elle absorbe ce gaz actif en passant au rouge brun; la liqueur contient alors de l'acide oxalique (1). L'air peut donc agir par la petite quantité d'ozone qu'il contient.

L'*acide gallique* en solution dépose peu à peu des flocons noirs et dégage de l'acide carbonique; de même, l'acide cachou-tannique dissous laisse, après évaporation, un résidu insoluble.

Nous reviendrons plus loin sur l'altération des solutions de tanin.

Nous nous sommes contentés, dans tout ce qui précède, d'étudier l'action de l'air sur les médicaments à la température ordinaire; il faudrait, pour être complet, traiter l'action de l'oxygène quand la température s'élève : on peut se contenter de poser la règle générale suivante : Quand la température s'élève de 20° à 100°, l'oxydation croît ou a tendance à croître.

(1) Gorup-Besanez, *An. der Chem. u. Pharm.*, t. CX, p. 106.

Les exemples qui précèdent suffisant pour établir l'action de l'oxygène sur les médicaments chimiques, considérons maintenant le rôle joué par l'eau de l'atmosphère.

ACTION DE L'EAU

Certains médicaments attirent l'eau et d'autres perdent, au contraire, celle qu'ils contiennent : les premiers sont dits déliquescents, les seconds efflorescents.

La cause de ces effets est la suivante : l'eau qui fait partie de certains sels a une tension de vapeur, et la pression de l'air n'a pas d'influence sensible sur les tensions des vapeurs qui peuvent se former. Aussi un sel s'effleurit-il lorsque la tension de sa vapeur est supérieure à celle de la vapeur d'eau existant dans l'atmosphère à la température où se trouve ce sel; au contraire, un sel effleuri s'hydrate dans l'air, si la force élastique de la vapeur contenue dans l'atmosphère est supérieure à celle qu'émet à la même température le sel effleuri.

De même, à la température ordinaire, une solution de bicarbonate de potasse, placée dans le vide et traversée par un courant d'air, perd de l'acide carbonique (1), fait qui s'explique par l'existence, pour le bicarbonate de potasse, d'une tension de dissociation à la température ordinaire, tension constatable en faisant le vide au-dessus d'une solution

(1) Gernez, *Comp. rend.*, t. LXIV., p. 606.

concentrée de ce sel : il se produit une ébullition du liquide par suite d'un dégagement d'acide carbonique qui s'échappe des cristaux. — L'efflorescence devient donc un cas particulier de la dissociation.

Citons quelques exemples de l'action de l'eau atmosphérique sur des médicaments chimiques, et prenons d'abord des corps déliquescents. En première ligne, on peut placer certains acides, comme l'*acide sulfurique*, l'*acide phosphorique anhydre*, qui attirent l'eau pour former des hydrates : les propriétés chimiques des acides changent alors, par suite de la perte d'énergie qu'ils éprouvent par le fait de leur combinaison avec l'eau, et il peut en être de même des propriétés physiques (1).

La *potasse*, la *soude*, la *chaux*, absorbent aussi l'humidité, mais elles fixent en même temps l'acide carbonique ; le *brômure de [lithium* devient liquide.

L'*hyposulfite de potasse*, sel qui, chauffé, donne, de même que l'*hyposulfite de soude*, un mélange de sulfate et de pentasulfure (2), est déliquescent.

Le *borax* ordinaire (dens., 1,7) se conserve intact à l'air humide ; il s'effleurit et devient opaque à l'air sec ; au contraire, le borax octaédrique (dens., 1,8), obtenu en déterminant la cristallisation à 60° (3), est inaltérable dans un air sec, mais absorbe la vapeur d'eau et devient opaque dans l'air humide (4).

(1) Debray, *Cours élém. de chimie*, 1870, t. I, p. 210. *Acide sulfurique.*
(2) Rammelsberg, *Pogg. Ann.*, t. LVI, p. 296.
(3) Payen, *An. de ch et phy.*, t. II, p. 322.
(4) *An. de ch. et phy.* (2), t. XXXVII, p. 409.

L'arséniate de soude mérite une attention sérieuse; il est efflorescent. On doit, en le préparant, tenir compte de la température à laquelle on détermine la cristallisation. Mais comme, même avec cette précaution, on n'est point à l'abri de modifications postérieures dans la quantité d'eau qu'il contient, on a proposé de lui substituer l'arséniate double de potasse et de soude, sel jouissant d'une grande permanence, qui provient du caractère opposé des éléments basiques. De cette opposition résulte une fixité à peu près indéfinie de l'eau de cristallisation (1).

Les _chlorures d'or_ sont déliquescents.

Parmi les corps organiques, nous trouvons l'_acide acétique_, dont l'avidité pour l'eau est facilement constatable; le _phénol_, qui, dans des flacons mal fermés, devient liquide. Ce corps pur fond, d'après Ch. Lowe, à 42°, et bout à quelques degrés au-dessous du point généralement indiqué; de plus, il ne serait pas déliquescent. Le phénol ordinaire, fusible à 35°,5, doit, d'après ce chimiste, l'abaissement de son point de fusion et sa déliquescence à la présence d'une petite quantité de crésol.

L'_acide pyrogallique_ s'altère à l'air humide.

La _nicotine_ peut absorber jusqu'à 177 o/o d'eau et la perdre dans une atmosphère desséchée par la potasse.

L'air humide transforme à la longue l'_éther acétique_ en acide acétique et alcool.

(1) Falières, _Bull. de la Soc. de pharm. de Bordeaux_, 1869.

L'*acétate de soude* exposé à l'air sec perd peu à peu 3 molécules d'eau, et les reprend dans l'air humide. Si on le fond, il perd ses 3 molécules d'eau, mais il est devenu capable d'attirer jusqu'à 7 molécules ; il forme alors un liquide assez mobile. C'est une solution sursaturée qui cristallise avec un vif dégagement de chaleur quand on l'ébranle avec un corps dur ou qu'on y projette un fragment d'acétate de soude séché ou cristallisé. Un fragment d'acétate fondu ou d'un autre sel ne détermine point la cristallisation de cette solution sursaturée (1).

Les expériences de M. Gernez expliquent ce fait.

Le *valérianate d'ammoniaque* a une telle affinité pour l'eau, que, pour l'obtenir cristallisé, il faut placer sous une cloche un mélange de chaux vive et de chlorhydrate d'ammoniaque en présence d'acide valérianique. On enferme ensuite les cristaux dans un flacon bien sec et fermant hermétiquement.

A côté de ces substances, le pharmacien en possède d'autres qui sont efflorescentes. Mais l'efflorescence peut amener une perte d'eau ou une perte d'une partie soit de l'acide, soit de la base du sel, si cette base est volatile. Dans le premier cas, l'air transforme simplement le sel en un sel moins hydraté ; dans le second, il le modifie plus profondément, et il en résulte un sel complètement différent du premier. En règle générale,

____

(1) Reischauer, *Ann. der Chem. u. Phar.*, t. CXV, p. 116, juil. 1860, et *Répert. de ch.* pour 1861, p. 66.

l'élévation de température favorise l'efflorescence.

Le *phosphate de soude* est efflorescent ; dans un air sec, à la température ordinaire, il peut perdre deux équivalents d'eau.

Les cristaux d'*iodure de sodium* sont efflorescents dans l'air sec, déliquescents dans l'air humide ; quant à ceux d'*iodure de potassium*, si le sel est pur, ils ne sont point déliquescents.

Le *sulfate de cuivre* cristallisé, maintenu dans l'air sec à 15°, finit par perdre H^2o^2 ; le *sulfate ammoniacal* perd une partie de son ammoniaque ; le *ferrocyanate de quinine* perd une partie de son eau de cristallisation.

Les sels suivants éprouvent, comme le sulfate de cuivre ammoniacal, une modification telle, que leur formule, après action de l'air, est tout à fait différente de celle du sel primitif.

Le *bicarbonate de potasse* est altéré par l'air humide ; *celui de soude*, inaltérable à l'air sec, se transforme à l'humidité en sesquicarbonate, par suite de la perte d'une partie de son acide carbonique. Le bisulfite de soude abandonne de l'acide sulfureux.

Certains sels organiques sont dissociés sous l'influence de l'humidité de l'air : le *camphre monobromé*, selon Gerhardt, se liquéfie à l'air et abandonne du brome ; il laisse du camphre. Le *sulfovinate de soude* est hygroscopique, et c'est probablement là la cause des altérations qu'il éprouve, de l'acidité qu'il contracte et qui, dans bien des cas, doivent faire rejeter l'emploi de ce sel s'il est préparé depuis lontemps. L'*acétate d'ammo-niaque* perd une partie de sa base et devient acide.

On doit donc veiller à soustraire les produits chimiques employés en pharmacie à l'efflorescence et à la déliquescence. Le moyen d'y parvenir est de conserver ces substances dans des vases hermétiquement fermés, placés, s'ils contiennent des corps efflorescents, dans un lieu frais, et dans un lieu sec s'ils sont destinés à des médicaments déliquescents.

Un procédé des plus simples et qu'il est curieux et utile de connaître, a été indiqué par M. E. Baudrimont. Il consiste à enfermer certains médicaments (quand la chose est possible) dans du papier d'étain. M. Baudrimont a remarqué qu'elles s'y conservaient sans fixer d'eau et à peu près sans en perdre. Dans ce papier, la chaux s'hydrate à peine en un mois; le chlorure de calcium s'y conserve sans se liquéfier. C'est de plus un bon moyen pour préserver de l'oxydation, car le beurre de cacao n'y rancit point et le foie de soufre ne s'y oxyde pas sensiblement (1).

Ce procédé peut rendre de grands services, et l'on ne doit pas hésiter à l'employer dans les cas où il est possible de le faire.

ACTION DE L'ACIDE CARBONIQUE

On trouve toujours dans l'air une certaine quantité d'acide carbonique $\frac{4 \text{ à } 6}{10000}$, quantité variable avec

(1) E. Baudrimont, *Jour. de ch. et de phar.*, mai 1870.

les lieux où l'on effectue la détermination. Le fait s'explique simplement : les végétaux, à l'obscurité, et les animaux, en produisant d'une façon constante.

Outre ces deux sources, de Saussure en a indiqué une autre. Il a admis que le gaz oxygène se combinait avec le carbone à la température ordinaire, mais seulement dans un espace de temps considérable : par exemple, plusieurs mois. Thénard supposait que cet effet était dû à l'influence de la lumière, et n'aurait pas lieu dans l'obscurité (1).

Sans nous préoccuper de ces idées, il nous suffit ici de constater la présence constante de l'acide carbonique dans l'atmosphère. Aussi, un certain nombre d'oxydes métalliques se trouvant en présence de cet acide le fixent immédiatement pour produire un carbonate; ceux sur lesquels cette action s'exerce avec le plus d'énergie sont assurément la *potasse*, la *soude*, la *baryte*, la *chaux* et la *magnésie*.

La fixation de l'acide carbonique sur ces oxydes est un fait tellement net, qu'il n'y a pas lieu d'y insister. Mais comment se fait cette combinaison? Est-elle directe ou secondaire? C'est-à-dire la potasse (Ko, HO), la chaux anhydre en présence de CO^2 s'y combinent-elles, ou bien n'y a-t-il pas d'abord formation d'un hydrate, puis, secondairement, combinaison de l'hydrate avec l'acide carbonique? Certains chimistes admettent que les faits concordent avec cette dernière condition. Nous

(1) Thénard, t. I, p. 224.

nous contentons de citer cette opinion, sans cependant la partager.

Parmi ces oxydes, la *chaux* mérite d'être remarquée spécialement, car la potasse et la soude donnent des carbonates solubles qui ont encore quelque chose des propriétés de leurs bases, tandis que l'acide carbonique transforme la chaux en carbonate insoluble. Or, la solution de chaux est employée en pharmacie sous le nom d'eau de chaux, et l'acide carbonique, agissant sur ce liquide, aurait pour résultat de transformer en eau ordinaire un médicament actif. Si l'on ne possède qu'une petite quantité d'eau de chaux, on peut la conserver dans un flacon bien bouché; mais, si cette quantité est notable, on doit laisser dans le liquide un petit excès d'hydrate de chaux, qui suffit pour restituer à l'eau une quantité de chaux égale à celle précipitée par l'acide carbonique.

Parmi les oxydes, citons encore l'*oxyde de zinc*, qui peut se transformer peu à peu en un mélange de carbonate et d'hydrocarbonate et l'*oxyde de plomb*, qui fixe CO^2. Les sels eux-mêmes peuvent être modifiés par CO^2, surtout lorsque la combinaison de CO^2 avec la base du sel peut former un produit insoluble; examinons ce qui se passe avec l'*acétate de plomb*. Les cristaux d'acétate de plomb sont transparents, mais légèrement efflorescents. L'acide carbonique décompose leur solution, mais l'acide acétique devenu libre arrête bientôt cette action.

Il n'en est pas de même des cristaux; ils sont

parfois profondément modifiés, l'acide acétique se volatilisant après action du gaz carbonique. L'extrait de saturne étant une solution basique, l'acide carbonique peut en précipiter la plus grande partie du plomb. Il faut donc avoir soin de préserver ce liquide de l'action de l'air.

Une solution alcoolique d'acétate de potasse forme avec l'acide carbonique du carbonate de potasse et une notable quantité d'éther acétique ; cet effet ayant tendance à se produire en présence de l'air, il y a intérêt à préserver une telle solution du contact de ce fluide.

ACTION DES POUSSIÈRES

L'air contient, surtout dans les temps secs, des poussières minérales ou organiques. Un rayon de soleil nous en montre des milliers. Dans une pharmacie, presque tous les flacons contiennent du sulfate de soude, comme on le constate en faisant agir les sels qu'ils renferment sur une solution sursaturée de sulfate de soude (Gernez). Ces poussières peuvent être organisées ou composées de spores et de germes microscopiques (1), et, se déposant sur les substances pharmaceutiques, les dénaturent parfois complètement.

En règle générale, les poussières organiques qui tombent sur des sels riches en oxygène, les rédui-

______

(1) Tissandier, *Comp. rend.*, 23 mars 1874., *Poussières de l'air*, (Gauthier-Villars), 1878.

sent en s'oxydant aux dépens des sels (surtout à la lumière). *Si la substance chimique est avide d'eau*, elle détruit ces poussières en les charbonnant ; c'est ce qui se passe avec l'acide sulfurique monohydraté, qui noircit peu à peu dans des flacons fréquemment ouverts ; puis, le carbone, réagissant ensuite sur l'acide sulfurique, forme des traces d'acide sulfureux.

Les *solutions de noix de galle* transforment leur tanin en acide gallique sans que l'oxygène soit nécessaire. Pour Robiquet, le ferment de la noix de galle est la pectase (1) ; pour Larocque, elle est déterminée par un ferment quelconque (2). La solution de noix de galle est un liquide des plus complexes ; mais la solution de tanin, qui se prête mieux aux recherches, a été étudiée par M. Van Tieghem. Pour ce savant, elle n'éprouve, au contact ou à l'abri de l'air, aucune altération, quand elle est absolument dépouillée de toute sporule et qu'on la maintient après ébullition dans un ballon à col recourbé, selon le procédé de M. Pasteur. Pour qu'il se forme de l'acide gallique, il suffit qu'un mycélium de mucédinée se développe dans la dissolution. En arrêtant le développement du mycélium, on empêche la transformation du tanin. Ce mycélium appartient tantôt au *penicillium glaucum*, tantôt à l'*aspergillus niger* (3).

Les poussières minérales peuvent modifier les

---

(1) Robiquet, *Jour. de phar.* (3), t. XXIII, p. 241.
(2) Larocque, *Jour. de phar.*, t. XXVII, p. 197.
(3) Ph. Van Tieghem, *Bull. de la Soc. bot. de France*, 1869 ; *An. des sc. natur.*, 5e série, t. II, p. 96.

tannates : prenons comme exemple le *tannate de zinc*. C'est un sel incolore, lorsqu'on a soin, comme Weber (1) le recommande, de le préparer avec du zinc pur, ou plutôt exempt de fer. Mais le sel ainsi préparé doit être garanti avec le plus grand soin des poussières atmosphériques, car elles contiennent assez de fer pour le colorer (2).

Les solutions d'*acide tartrique*, de *tartrate*, de *saccharose*, produisent des moisissures, et à la longue la solution de sucre perd partiellement son pouvoir rotatoire (3); mais, suivant Béchamp (4), cet effet ne se constate qu'autant qu'il se développe des noircissures, c'est-à-dire en vertu d'une véritable fermentation (5).

Le pharmacien doit donc redouter pour les médicaments au moins autant le contact des poussières que l'action de l'oxygène de l'air.

(1) Weber, *Zeits. für Chem.*, t. II, p. 96.
(2) Reinsch, *Zeits. für Chem.*, t. II, p. 3o.
(3) Maumené, *Comp. rend.*, t. XXXIX, p. 914; Béchamp, t. XL p. 436.
(4) Béchamp, *An. de ch. et ph.*, 1858 (3), t. LVI, p. 28.
(5) Schützenberger, *Les Fermentations* (Germer-Baillère), 1879.

DEUXIÈME PARTIE

ACTION DE LA LUMIÈRE

Les premiers faits précis touchant l'action de la lumière sur les sels datent de 1770 (1), époque où Scheele constate que le chlorure d'argent noircit de préférence dans les rayons violets. Trente ans plus tard, Ritter et Wollaston indiquèrent que les rayons ultra-violets étaient actifs.

On remarqua bientôt que la lumière n'agissait pas seulement sur le chlorure d'argent, mais aussi sur d'autres sels, et l'attention des pharmaciens fut forcément attirée sur cette question importante. Un pharmacologiste (2), en 1803, « affirme avec assurance qu'il n'est pas une substance simple, composée ou combinée, quelque enfermée qu'elle soit dans des flacons bouchés, qui n'éprouve une altération plus ou moins sensible. Outre le changement de couleur qui a lieu à l'égard d'une infinité

(1) Voir Becquerel, *De la lumière, ses causes et ses effets*, t. II, p. 45, etc.

(2) Simon Morelot, *Cours élém. théor. et prat. de phar. chimiq.*, 1803, t. I, p. 60.

de corps, il s'opère, dit-il, à chaque instant, des décompositions et des combinaisons nouvelles. Ce sont surtout les acides minéraux, les acides métalliques, les poudres végétales, les huiles volatiles, les sels métalliques, les oxydes hydrosulfurés, dans lesquels on observe les altérations les plus singulières ». Il ajoute que ces dernières altérations ont été bien remarquées par tous les pharmaciens de cette époque, et en particulier par Lescot (1). Dans les idées exposées plus haut, il y a évidemment beaucoup de vrai, mais aussi une certaine exagération, car, en réalité, il existe des corps sur lesquels l'action de la lumière est nulle. En 1823, nous trouvons, sur la même question, dans Virey, les phrases suivantes. « La lumière agit souvent d'une façon remarquable sur les substances chimiques. Elle augmente la couleur verte des feuilles, la rouge et autres des feuilles et des fruits (2). Elle y développe en plus grande abondance le carbone et l'hydrogène, corps combustibles. De même, elle enlève à plusieurs oxydes métalliques une grande partie de leur oxygène, et en réduit même quelques-uns ; tels sont l'oxyde de mercure, etc... L'acide nitrique s'y altère aussi et donne des vapeurs rutilantes. Tous ces faits (indiqués depuis longtemps par Bouillon-Lagrange), annoncent, dit Virey, que la lumière a beaucoup d'affinité pour l'oxygène (3).

(1) Lescot, *Recueil prat. de médecine*, t. I, p. 60.
(2) Virey, t. II, p. 170.
(3) Virey, loc. cit., p. 171.

En même temps, elle favorise la combinaison de l'oxygène avec différents corps, parce qu'elle agit comme chaleur. Elle enlève de l'hydrogène sulfuré au kermès minéral, et lui ôte beaucoup de sa belle couleur, etc... C'est pourquoi il est nécessaire de tenir dans des vases opaques la plupart de ces substances destinées à l'usage médicinal (1).

Exposons maintenant en quelques mots les idées des chimistes, à cette même époque, sur l'action de la lumière. Thénard remarque que « l'on produit absolument le même effet en substituant à la lu- mière une quantité de calorique plus ou moins grande, qui doit égaler quelquefois la chaleur rouge. Donc, pour Thénard, la lumière agit comme la chaleur rouge sur certains corps (2). Il faut cependant ajouter que ce n'est pas sans quelques doutes que Gay-Lussac et Thénard (comme auparavant Rumford) avancèrent cette idée. Aujourd'hui, on ne saurait penser tout à fait de même.

Guibourt, dans sa *Pharmacopée raisonnée*, Lecanu, dans son *Traité de pharmacie*, indiquent les précautions à prendre pour éviter les altérations résultant de l'action lumineuse.

En 1869, M. Berthelot porta la question des actions photochimiques sur son terrain vrai. Il fit remarquer que les réactions produites par la lu- mière devaient être rangées dans deux catégories très distinctes. Il divise les actions photochimiques en actions endothermiques et exothermiques. La

(1) Virey, loc. cit., p. 171.
(2) Thénard, t. I, p. 122.

formation d'acide chlorhydrique, sous l'influence des rayons les plus réfrangibles, avec le mélange de chlore et d'hydrogène, est à ranger dans les premières. La lumière n'est que l'allumette qui servirait à incendier un bûcher. Dans les secondes, au lieu d'une production de chaleur, il y a une absorption, et c'est l'acte de l'illumination qui effectue totalement le travail ; la décomposition du chlorure d'argent en est un exemple. Ce genre de réaction est bien moins fréquent que le premier (1). Les recherches de M. Lemoine sur l'action exercée par la lumière sur le gaz iodhydrique et sur sa solution (2) montrent combien il est important de tenir compte du dégagement ou de l'absorption de chaleur qui accompagnent la formation ou la dissociation des corps sur lesquels on opère.

Une autre raison fait qu'il est très-difficile de constater et d'établir le mode d'action propre à telle ou telle radiation, c'est qu'il ne suffit point ici de constater l'état initial et l'état final des composés en expérience, car la lumière commence souvent une action qui se trouve immédiatement modifiée par une mise en jeu de chaleur, de telle sorte que l'état final est dû à la chaleur et non à l'action de la radiation. L'établissement du mode d'action des radiations devient ainsi, qu'on nous permette l'expression, un véritable problème de cinématique ; il faut, pour connaître l'action vraie d'une radiation, établir la série des réactions suc-

(1) Berthelot, *An. de ch. et de phy.*, t. XVIII, 1869.
(2) C. Lemoine, *An de ch. et de phy.*, 5ᵉ série, t. XII, octobre 1877.

cessivement produites. Telle est la cause pour laquelle bon nombre de faits photochimiques apparaissent sans relation aucune entre eux, et c'est là ce qui a fait dire à H. Vogel et à bien d'autres qu'en photochimie il n'y avait pas de lois, que chaque corps présentait un cas particulier (1). Il peut en être ainsi sans que pour cela la radiation donnée cesse d'avoir des propriétés constantes, car une certaine radiation produirait sur plusieurs corps le même effet premier ; mais, la chaleur mise en jeu étant différente dans chaque cas, il est naturel que l'état final soit différent. Il est cependant possible d'arriver à établir de quelles propriétés jouissent les différents rayons.

Faisons donc l'historique de cette importante question : On a remarqué, il y a longtemps, que les images photogéniques formées sur les plaques daguerriennes par la lumière blanche ou par les sept couleurs réunies étaient moins marquées que celles qui, dans le même temps, dans des circonstances toutes semblables, provenaient de la seule action du bleu de l'indigo et du violet. Dans ces expériences, les rayons les plus lumineux semblaient retarder l'action des rayons situés de l'autre côté du spectre (2). Cet antagonisme des rayons a été constaté aussi par Davy dans le cas suivant : Un précipité obtenu par le calomel et la potasse devenait rouge, et par conséquent se transformait

<hr>

(1) H. Vogel, *Berichte der deutsch. chem. Gesel.*, t. X, oct. 1877, p. 1644.
(2) Lerebours, *Comp. rend.*, t. XXIII, p. 634, 28 sept. 1846.

en mercure et oxyde mercurique dans les rayons rouges, tandis que, dans les rayons violets, ce même oxyde est décoloré.

MM. Fizeau et Foucault constatèrent aussi qu'une plaque d'argent iodée, éclairée d'abord par une lampe, puis frappée par les rayons rouges, devenait incapable de fixer le mercure à l'endroit où avait frappé le rouge. Ces effets de sens opposés motivent le terme d'action négative, adopté par ces savants pour désigner la manière d'agir particulière à l'extrémité rouge du spectre, conservant l'expression d'action positive pour les autres rayons. Si d'ailleurs, disent-ils, on voulait représenter par une courbe les intensités chimiques propres des rayons simples, relatives à la couche sensible et impressionnée d'avance, cette courbe devrait nécessairement croiser l'axe des abscisses à la limite du rouge et de l'orangé, et à partir de ce point jusqu'à l'extrémité la moins réfrangible du spectre, les ordonnées auraient des valeurs négatives. Poursuivant d'avantage leurs recherches, ils ajoutent que les rayons orangés donnent un résultat négatif, quand ils sont faibles ou qu'ils agissent peu de temps; dans le cas contraire, ils donnent des résultats positifs (1).

Il faut ajouter encore que Draper (2), avant Fizeau et Foucault, avait annoncé l'existence de rayons protecteurs des plaques daguerriennes, et

(1) Fizeau et Foucault, *Comp. rend.*, t. XXIII, p. 679, 5 oct. 1846. (Un paquet cacheté moins complet avait été déposé le 9 décembre 1844.)
(2) Draper, *Philos. Magas.*, nov. 1842.

que Herschel (1) fait remarquer que l'épaisseur de
la couche d'iodure d'argent est pour quelque chose
dans le résultat. Mais, avec de l'iodure d'argent sur
du papier, ou n'a plus constaté l'action des rayons
négatifs (ce fait deviendra explicable quand on
connaîtra l'action de la lumière sur les corps organiques).

Devait-on admettre sans plus de recherches
les conclusions de MM. Fizeau et Foucault? Évidemment non; il fallait, au contraire, se ranger à
l'opinion suivante, exprimée par M. Becquerel (2) :
« Il faut se mettre en garde contre les apparences
que présentent les dépôts formés sur les plaques
daguerriennes, et si l'on ne possède que ces seules
données pour affirmer l'existence de rayons agissant de diverses manières, on court risque de se
tromper. Il ne faut employer ces mélanges qu'avec
la plus grande circonspection, et même n'opérer
que le moins possible avec les plaques daguerriennes dans les recherches sur les rayons actifs. » On
doit se ranger à cette idée : les plaques daguerriennes ne peuvent servir à établir les propriétés propres à chaque rayon, et il n'est point possible de
constater avec elles, d'une façon indubitable, les
propriétés inverses des rayons rouges; mais on doit
tenir grand compte de ces expériences, si d'autres
viennent à concorder avec elles. Pour arriver à un
résultat précis, les recherches doivent êtres faites
sur des corps à formules définies. On constate

(1) Herschel, *Philos. Magas.*, 1843.
(2) E. Becquerel, *Comp. rend.*, t, XXIII, p. 800 et 802.

alors que l'effet produit par la lumière blanche sur
un composé binaire ou sur un sel est absolument
le même que celui obtenu par la lumière violette.
Il y a différence dans l'intensité, l'effet étant moins
rapide dans la lumière blanche (1). Ce fait se constate facilement avec l'oxyde mercurique ; on en
arrive donc nécessairement à conclure que, « puis-
que la lumière violette, partie d'une somme, la
lumière blanche, agit plus rapidement que cette
somme, une partie du spectre a une action inverse
de celle du violet (2). » Ce premier fait constaté,
pour établir l'activité chimique des rayons rouges,
il n'y avait que peu à faire, il suffisait de « trouver
des corps susceptibles de s'oxyder ou de se réduire
dans l'obscurité, et de déterminer exactement l'oxygène fixé sur ces corps dans les différentes conditions, ou la réduction produite (3). »

En opérant ainsi sur un certain nombre de corps,
la courbe représentant l'action chimique se trouva
couper l'axe des abscisses, non entre le rouge et
le jaune, mais à la limite du vert et du jaune (4) ;
c'est ce point du spectre que nous avions qualifié
de point neutre.

Avec les corps organiques, ou un mélange de
corps organiques et inorganiques, on ne constate
plus l'existence de ce point neutre. Enfin, certains
faits présentés par les corps métalliques ne se con-

(1) *An de ch. et de phy.* (5), t. II, p. 153.
(2) *An. de ch. et de phy.*, loc. cit., p· 155.
(3) *An. de ch. et de phy.*, loc. cit., p. 156.
(4) *An. de ch. et de phy.*, loc. cit., p. 177.

cilient pas complètement avec les précédents, mais ils sont de ceux constatés dans les conditions où l'on ne doit se placer que le moins possible, comme l'a dit Becquerel ; ou bien encore ils sont dus à une modification de l'action photochimique primitive, modification apportée par la chaleur mise en jeu.

Nous avons fait une série d'expériences en présence d'air dans les différentes radiations et dans l'obscurité sur les corps suivants : oxydes ferreux et manganeux hydratés, solution alcaline d'acide arsénieux, d'hydrogène sulfuré, de sulfure de sodium, de polysulfure de potassium (1), d'iodure de fer, chlorure d'étain, chlorure de cuivre, sulfure de calcium et sulfure de baryum (2). Tous ces corps se modifient dans l'obscurité ; l'altération était moins marquée dans les radiations les plus réfrangibles et plus marquée dans le rouge et le jaune, à même température. Ils nous ont montré que les rayons rouges et jaunes étaient doués de propriétés photochimiques constatables, et nous avons admis, pour les corps métalliques, comme généralement vraies, les conclusions suivantes :

1re L'action chimique du spectre sur les composés binaires et les sels est double : réductrice d'un côté du spectre, elle est oxydante de l'autre.

2º L'action chimique réductrice est plus marquée que l'action chimique oxydante.

(1) *An. de ch. et de phy.*, loc. cit., p. 160 à 174.
(2) Chastaing, *Thèse de l'École de pharmacie*, 1878, p. 18 à 24.

3° La radiation verte agit comme le bleu et le violet, c'est-à-dire comme réductrice.

4° Il résulte de ces deux actions inverses qu'il doit exister un point du spectre où la part de la lumière dans les actions chimiques est nulle, c'est-à-dire qu'à ce point du spectre elle est la même que dans l'obscurité.

5° Ce point, que nous avons nommé *point neutre*, est placé entre les raies D et F, à la limite du vert et du jaune.

Certaines réactions semblent se produire en dehors de ces règles, mais le désaccord n'est qu'apparent.

Citons comme exemple les suivantes :

La formation d'acide chlorhydrique par le mélange de chlore et d'hydrogène : nous l'avons considérée comme l'analogue d'une réduction (1).

La transformation du *gaz sulfureux* en acide sulfurique et soufre dans les radiations les plus réfrangibles : mais l'action photochimique première est la séparation d'oxygène (2).

Les *hypochlorites* sont transformés par les rayons bleus et violets en chlorites et chlorates, mais il n'y a point d'oxygène fixé dans ce cas. C'est une partie de l'hypochlorite réduit qui abandonne son oxygène, aussitôt fixé par la partie d'hypochlorite non décomposé, d'où formation de chlorite.

En un mot, on constate, en cherchant à analyser

(1) *An.*, loco cit., p. 178.
(2) *An.*, loco cit., p. 179 et 180.

les faits, une certaine constance dans l'action des radiations.

Quelle est l'action photochimique exercée sur les corps organiques en présence de l'air? On peut répondre que c'est généralement une oxydation. Si l'oxydation du corps en expérience est 1 dans l'obscurité, très fréquemment elle est 2 dans le jaune-rouge, 3 ou plus dans le bleu-violet (1).

Pour un mélange de sels et de corps carbonés (organiques), l'effet produit est la somme des deux effets que produirait ou que tend à produire la lumière sur chacun des corps séparément (2).

Les recherches dont nous avons tiré les conclusions ci-dessus énoncées ont été faites en présence d'air : c'était en effet dans ces conditions qu'on pouvait le plus facilement déterminer le mode d'action propre à chaque radiation.

Ces données générales étant posées, nous allons étudier maintenant l'action de la lumière sur des substances soustraites à l'influence de l'air ou sur lesquelle il est sans effet.

Nous ajouterons cependant, auparavant, que les lois que nous venons de poser représentent très exactement les faits, mais ne constituent point encore une théorie des actions photochimiques. De l'étude simultanée des conditons thermiques et des actions photochimiques seulement sortira une théorie réelle.

(1) *An.*, loc. cit., p. 182 à 198.
(2) *An.*, loc. cit., p. 199 à 209.

DIFFÉRENTS EFFETS PRODUITS PAR LA LUMIÈRE

Si un médicament se trouvait dans le vide éclairé par une radiation quelconque, il pourrait y avoir pour les corps simples transformation en un état allotropique ; pour un mélange de corps simples, combinaison ; pour les composés, changement menant à un produit isomérique, ou dédoublement formant deux ou plusieurs corps différents de ceux qui préexistaient. Nous avons déjà cité des exemples qui rentrent dans ce dernier cas : tels sont les hypochlorites, qui se dédoublent en chlorites et chlorures, ou même chlorates et chlorures ; le gaz sulfureux, qui donne du soufre et de l'acide sulfurique anhydre. Mais on peut supposer encore une autre modification qui semble se produire dans certains cas : un corps solide change de couleur, de propriétés (dans le vide ou dans l'hydrogène), et la solution lui restitue sa couleur et ses propriétés primitives. Y a-t-il là un simple changement physique ou y a-t-il plus ? Ne peut-il pas se produire sur la substance solide une action analogue à ce qui se passe avec les hypochlorites ? Mais, la solution réunissant plus intimement les deux substances formées, l'équilibre serait détruit et le premier corps régénéré. Dans les cas de ce genre, nous devons reconnaître que tout ce qui a été dit est de l'hypothèse.

I. *Allotropie.* — La transformation du *phosphore* ordinaire en phosphore rouge est un des exemples

les mieux connus d'allotropie. Bœckmann, en 1800, remarque que ce changement se produit sous l'influence lumineuse aussi bien dans le vide que dans un gaz inerte. Vogel constate que la transformation se fait dans l'hydrogène et dans l'azote (1) ; mais on croyait alors, malgré les conditions si nettes de la production du phosphore rouge, que ce corps représentait un oxyde inférieur du phosphore ordinaire. Sa véritable nature fut reconnue par E. Kopp, en 1844 (2).

Inaltérable à l'air sec, dans l'air humide le phosphore rouge s'oxyde et se transforme en un liquide sirupeux acide (anciennement acide phosphatique).

On a admis que la transformation du phosphore ordinaire en phosphore amorphe se faisant toujours avec dégagement de chaleur, parce que la chaleur spécifique du phosphore ordinaire est égale à 0,1887 à 30° (Regnault) et à 0,20 à 10° (Desaine), celle du phosphore amorphe étant 0,1668 (Regnault), mais il n'en est point toujours ainsi (3).

Les rayons les plus efficaces pour déterminer la formation du phosphore rouge sont les violets (4), et probablement, d'après M. Lallemand, les rayons ultra-violets, car il sont mieux absorbés. Ajoutons encore que, d'après M. E. Baudrimont, une température très basse empêche la transformation allotropique du phosphore.

(1) Thénard, t. I, p. 233.
(2) E. Kopp. *Comp. rend.*, 1844, t. XVIII, p. 871.
(3) *Annuaire du Bureau des longitudes*, 1878, p. 549.
(4) *An. de ch. et de phy.*, t. LXXXV, p. 225.

Le phosphore rouge redevient incolore lorsqu'on le porte vers la température de son point de fusion.

Le *soufre*, sous l'influence lumineuse, peut être modifié allotropiquement. La solution dans le sulfure de carbone laisse déposer du soufre insoluble où frappe la lumière solaire. Si l'on analyse le faisceau lumineux qui a traversé cette solution, la partie extrême du spectre visible depuis G et tous les rayons ultra-violets manquent (Lallemand). Mais le soufre insoluble ne se produit pas si le sulfure de carbone est saturé d'hydrogène sulfuré (Berthelot).

Il existerait aussi, pour certains, un *chlore allotropique,* qu'on a nommé chlore insolé.

On a admis l'existence de ce chlore spécial à la suite des faits suivants : Draper, ayant recueilli du chlore dans deux cloches égales, renversées sur une cuve d'eau salée, ayant exposé l'une d'elles à la radiation solaire et ajouté ensuite dans les deux cloches même quantité d'hydrogène, à la lumière diffuse la combinaison de Cl et de H s'effectuait beaucoup plus vite dans l'appareil primitivement insolé (1). De là, il concluait à l'existence du chlore dans un état allotropique spécial.

MM. Becquerel et Frémy (2) vérifièrent le fait, mais démontrèrent de plus que, si le chlore est absolument pur et sec, on ne lui communique aucune activité particulière. Il est donc probable que le chlore allotropique n'existe pas et que l'activité

(1) Draper, *Phil. Mag.,* 1844 et 1845.
(2) Becquerel. *Traité de la lumière.*

spéciale constatée était due à un produit chloreux, mais il est cependant intéressant de remarquer que la chaleur de dilution du chlore dans l'eau donne des chiffres variant entre eux à peu près comme 3^c et $4^c,8$.

II. *Combinaison*. — La lumière agissant sur un mélange de corps simples peut en déterminer la combinaison. L'exemple le mieux connu de ce genre d'action est le *mélange de chlore et d'hydrogène*.

Les conditions de la formation de *gaz chlorhydrique* ont été étudiées et déterminées par MM. Bunsen et Roscoe (qui ont voulu en faire un moyen de mesure des actions photochimiques) et par MM. Favre et Silbermann. Je me contenterai de dire que la combinaison est déterminée surtout par les radiations les plus réfrangibles, en renvoyant aux mémoires originaux pour les détails plus précis.

Je ferai simplement remarquer que cette combinaison répond à $Cl + H = HCl$ 22 calories.

Rapprochons du mélange de chlore et d'hydrogène la solution aqueuse de chlore qui s'y rattache par certaines analogies. Elle doit être conservée à l'abri de la lumière, car elle dégage alors de l'oxygène en même temps qu'il se forme de l'acide chlorhydrique. Il y a donc dans ce cas décomposition de l'eau. Mais remarquons encore que le travail déterminé par la lumière se fait avec un faible dégagement de chaleur, car la décomposition de l'eau liquide absorbe une quantité de chaleur moindre que celle produite par la formation et la dilution de HCl en partant du chlore dissous. On conservera cette solution dans l'obscurité ou dans des flacons rouges monochromatiques.

Le mélange de *brome et hydrogène* forme, à une lumière vive, concentrée par une lentille, du gaz bromhydrique, mais remarquons encore que H + Br gaz = HBr gazeux, donnent 13°,5.

H + Br liq = HBr gazeux, donnent 9°,5. Quant à H et I, ils ne se combinent point dans ces conditions, la formation du gaz iodhydrique se faisant avec absorption de 0°,800.

La lumière, quand elle détermine des combinaisons, le fait donc dans les cas où il y a dégagement de chaleur.

III. *Dédoublement*. — Citons d'abord le *gaz sulfureux*. L'action exercée sur lui par la lumière a été étudiée par M. Morren (1) dans un tube fermé par deux glaces à faces parallèles : on peut y faire le vide puis y introduire le gaz sur lequel on doit opérer. Une lentille incomplètement achromatique forme un foyer rouge et un foyer violet. Au foyer violet se forme un nuage qui, peu à peu, se dépose sur les glaces : c'est un mélange de soufre et d'anhydride sulfurique.

Nous avons considéré comme action photochimique la réduction de l'acide sulfureux; la formation de l'acide sulfurique n'en serait que la conséquence (2).

La *solution d'acide sulfureux* conservée dans des

---

(1) Morren, *An. de ch. et phy.* (4), t. XXI, 1870, et *Comp. rend.*, t. LXIX, p. 699.

(2) *An. de ch. et phy.* (5), t. XI, p. 179.

flacons exposés à la lumière, au bout de deux mois, commence à laisser déposer du soufre en même temps qu'il se forme de l'acide sulfurique (1), mais la formation d'acide sulfurique est bien plus rapide dans des flacons en vidange. La chaleur, l'électricité agissent sur le gaz sulfureux à peu près comme la lumière, et la solution chauffée à 200° éprouve la même modification. (Geitner.)

Il est curieux de connaître les différences qui existent, selon Stas, entre l'acide sulfureux préparé à la lumière ou dans l'obscurité absolue. Celui préparé à l'obscurité donne un précipité blanc de sulfite dans la solution· neutre ou très légèrement acide de nitrate ou de sulfate d'argent : la solution ne se colore pas. Le précipité abandonné à la lumière avec un excès d'acide sulfureux devient gris; il se forme de l'argent et du sulfate. Le même gaz réduit les acides chlorique, bromique, iodique, à l'état de chlorure, bromure et iodure d'argent, sans formation d'argent métallique ni de sulfure d'argent.

L'acide insolé, comme aussi, à un moindre degré, celui préparé par l'action du soufre sur So^3 Ho ou MnO^2, donne avec AzO^5 AgO un précipité gris, et la liqueur noircit en laissant déposer du sulfure. Il réduit les acides chlorique, bromique et iodique avec formation de sulfure, et cela même dans l'obscurité complète (2).

Ces différences de réaction tiennent peut-être à

(1) O. Lœw, *Bull. de la Soc. chimiq.*, t. XIV. p. 191.
(2) *Jahresb.*, 1867, p. 150.

de très petites quantités d'une substance étrangère et non à l'influence des radiations ; néanmoins, j'ai cité ces faits, qu'il est bon de connaître.

Parmi les *oxydes métalliques*, l'*oxyde mercurique rouge*, et plus encore le *jaune*, doivent attirer l'attention du pharmacien, vu la facilité avec laquelle ils sont dissociés sous l'influence lumineuse. Parmi les rayons visibles, les violets et les bleus sont les plus actifs ; les verts agissent aussi comme réducteurs mais beaucoup plus lentement que les premiers ; quant aux jaunes et aux rouges, ils n'agissent point. On conservera donc les deux oxydes mercuriques dans des flacons jaune foncé, tout en remarquant que des flacons de cette teinte laissent passer un peu de vert; néanmoins, comme la quantité de lumière verte qui tamise est faible, comme l'intensité chimique de cette radiation est minime, il n'y a pas à craindre qu'elle agisse.

Voyons les *iodures,* et contentons-nous des deux iodures de mercure (celui d'argent n'étant point un médicament et étant inaltérable s'il est pur).

L'*iodure mercurique*, sans être absolument inaltérable (1) l'est assez peu pour ne point préoccuper le pharmacien; l'*iodure mercureux* au contraire doit attirer toute son attention. On sait que, sous l'influence des radiations les plus réfrangibles, ce sel abandonne de l'iode; une partie de cet iode est perdue et entraînée, et l'iodure mercureux devient

____

(1) Pour Hunt, il est altéré par les rayons bleus et rouges. Préparé par trituration, il offre plus de stabilité aux actions photogéniques que lorsqu'il est obtenu par double décomposition.

noir (cet effet se produit même dans la radiation
verte), mais une autre partie de l'iode devenu libre
se combine à du protoiodure non encore altéré et
forme une petite quantité de biiodure. On ne
remarque ce fait qu'aux endroits où l'iodure mercureux est en couche mince (1). On évitera cette
altération du protoiodure de mercure en le conservant dans des flacons jaune-rouge.

Parmi les *chlorures*, le *chlorure d'argent* est bien
connu pour son altérabilité. Le *calomel* sera étudié
dans la troisième partie ; le *sublimé* est inaltérable,
mais il perd cette propriété en présence des corps
organiques. Ainsi un mélange de *sublimé* et d'*acide
oxalique* ou oxalate d'ammoniaque donne, à la lumière, du calomel, de l'acide carbonique et de
l'acide chlorhydrique ou du chlorhydrate d'ammoniaque. Dans ce cas, ce sont les rayons violets
surtout qui agissent. Ajoutons, pour les sels de
mercure en général, que leurs solutions insolées
donneraient, d'après Hunt, des précipités différents de ceux fournis par les mêmes solutions main-
tenues à l'obscurité (2).

Avec les *hypochlorites*, la lumière commence
une action aussitôt modifiée par une autre action
chimique indépendante de l'action photochimique,
mais qui en est la conséquence. Comme les faits
sont très nets et facilement constatables, nous expo-
serons cette question avec quelques détails.

La lumière produit une dissociation de l'hypo-

(1) An. de ch. et de phy. (5), t. 11. p. 181.
(2) Hunt, *Philos. trans.*, 1842, p. 181.

chlorite, et l'oxygène sortant de la combinaison se fixe sur de l'hypochlorite non décomposé pour former d'abord du chlorite et finalement du chlorate mêlé à du chlorure : ce fait a été signalé d'abord par MM. Gélis et Fordos, mais ces chimistes n'ont point cherché quelles étaient les radiations qui agissaient.

Les expériences que nous allons rapporter ont été faites du mois d'août 1877 au mois de mars 1878, c'est-à-dire à une époque où l'action photochimique était faible, excepté au mois d'août ; cependant, il y avait non-seulement avantage, mais nécessité, à opérer à ce moment, car si d'un côté, en hiver, l'action photochimique est de beaucoup affaiblie, de l'autre la chaleur est éliminée et les résultats trouvés sont imputables aux radiations seules.

A cette première remarque il faut en ajouter une autre : MM. Riche (1) et Kolbe constatèrent que du chlorure de chaux exposé au soleil dégage de l'oxygène en même temps qu'il y a formation de chlorite et de chlorate. Le chlorure étant sec, il suffit d'une température de 40° pour produire cette transformation, tandis qu'en solution il faut une température plus élevée ; quant au dégagement d'oxygène, on ne le constate qu'avec les solutions concentrées.

En opérant sur des solutions étendues, on est donc dans les conditions voulues pour avoir des pertes d'oxygène très faibles.

---

(1) Riche, *Comp. rend.*, t. LXV, p. 58o.

Nous avons fait un certain nombre de dosages avec le procédé de Gay-Lussac, celui de Wagner (KI) et l'arsénite de potasse.

Hypochlorite de chaux. Procédé Gay-Lussac. Ce procédé n'est pas applicable quand les solutions d'hypochlorites ont subi l'action de la lumière, car les chlorites formés décolorent l'indigo alors même qu'il existe encore de l'acide arsénieux non transformé en acide arsénique. En insolant des solutions d'hypochlorite de chaux dans les différentes radiations, elles devaient, après l'action lumineuse, donner un chiffre plus fort ; mais ce chiffre, qui pouvait être différent dans chaque condition lumineuse, sans donner le chiffre vrai d'hypochlorite, permettait cependant de juger que le chlorite s'était formé surtout dans telle radiation déterminée. Quand la quantité de chlorite formé est notable, on trouve même un chiffre de chlore actif infiniment grand.

Nous supposerons toujours que les solutions de chlorure de chaux marquaient 100 au moment même de la préparation.

19 août. — Deux solutions à 100 après une heure d'insolation marquaient :

$$\text{Dans le jaune rouge} \ldots\ldots = 102 \text{ et } 101$$
$$\text{Dans le bleu violet} \ldots\ldots = 137 \text{ et } 142$$

20 août. — Après une journée d'exposition à une lumière vive diffuse :

Jaune	100	Autre solution : jaune	102
Bleu violet	111	— bleu violet	130
Lumière blanche	150	Lumière blanche	155

Cette dernière solution, toujours conservée à la lumière diffuse, accusait, le 25 août :

Dans le jaune...................... 103
Dans le violet.................... 170

La formation des chlorites est donc déterminée par les radiations violettes et voisines, mais ces radiations, d'après nos règles générales, n'ayant point ordinairement la propriété de déterminer une oxydation, le chlorite formé pouvait bien l'être grâce à l'oxygène abandonné par l'hypochlorite décomposé. L'expérience suivante établit qu'il en est ainsi : Plaçons de l'hypochlorite et de l'eau dans un tube et déposons-le sur le mercure ; recouvrons ce tube d'un second tube plus large : nous avons ainsi un volume d'air déterminé dans un espace suffisamment clos. On note la température et la pression et l'on insole le tout. Le chlorite se forme, et le volume gazeux ne varie point. Le chlorite formé est donc dû à ce que nous appelons une action chimique secondaire, c'est-à-dire que la radiation violette a transformé de l'hypochlorite en chlorure et que l'oxygène devenu libre s'est fixé sur l'hypochlorite qui existait encore pour donner du chlorite.

Du reste, en opérant en présence ou non d'air, les changements de titre sont les mêmes.

Une solution insolée marquait après action :

En présence d'air.............. 120
A l'abri de l'air................. 119

Une seconde a donné :

L'air n'est donc pour rien dans ces modifications; les radiations les plus réfrangibles seules agissent, car les petites quantités de chlorite formé dans le rouge et le jaune sont dues à l'élévation de la température.

Procédé de R. Wagner (1). On ajoute à la solution d'hypochlorite de l'iodure de potassium, puis de l'acide chlorhydrique, pour acidifier légèrement, et l'on dose l'iode avec l'hyposulfite de soude.

Cette méthode, simple en apparence, mérite les reproches qui lui ont été faits par Mohr (2), car les chiffres donnés ne sont point concordants. La cause des différences constatées est due, selon nous, aux chlorites formés et non aux chlorates, car les chlorates ne sont décomposés que lentement, même en présence d'hypochlorite ; les chlorites, au contraire, sont facilement décomposés à froid par l'acide chlorhydrique étendu en présence d'iodure de potassium.

Mais la décomposition n'est pas instantanée, elle demande quelques minutes. Les chiffres donnés par cette méthode, si l'on a pris soin d'employer, dans des dosages comparatifs, la même quantité d'acide chlorhydrique et d'opérer dans des condi-

(1) Wagner, *Dingl. poly. Jour.*, t. CLIV. p. 146.
(2) Mohr, *Traité des liqueurs titrées*. Deux édit. franç. Traduct. Forthomme, p. 292.

tions identiques, permettent donc simplement de trouver des valeurs relatives; mais ce procédé, à l'inverse de celui de Gay-Lussac, donne des chiffres de plus en plus faibles. Il permet de vérifier facilement s'il y a ou non fixation d'oxygène ; en effet, quand le titre s'est modifié, en même temps qu'il s'est formé des chlorites, la quantité de chlorure a augmenté proportionnellement; mais, en traitant par l'acide chlorhydrique concentré et en recevant le chlore qui se dégage dans une solution d'iodure de potassium, on doit trouver un titre chlorométrique égal à celui que présentait la solution d'hypochlorite au moment de sa préparation. Or, s'il y avait perte d'oxygène, le chiffre de chlore actif serait plus faible, et, s'il y avait eu fixation de ce gaz, le chiffre trouvé serait plus fort.

Des dosages faits par cette méthode ont donné les chiffres suivants :

(1) 20 août. Une solution de chlorure de chaux, marque............................... 100
Après ébullition avec HCl........... 101

21 août. Après insolation... Titre=80
Après ébullition avec HCl=99,5
La perte d'oxygène a donc été insignifiante.

(2) 22 août. Titre de la solution................... 100
Exposée à la radiation diffuse jusqu'au 25, elle marque.................... 85

(3) 29 août. Titre de la solution.................. 100
Exposée à la radiation diffuse, elle donne — En présence d'air. 96 / A l'abri de l'air.. 96
Le lendemain, on trouva — En présence d'air. 88 / A l'abri de l'air.. 88,5

D .ns le violet.   88,7
L'ébullition avec HCl redonne 99 et........... 99,6

(4) 31 août. Titre de la solution................. 100
        Après ébullition avec HCl............ 101

9 sept. A la lumière diffuse { En présence d'air. 74
                            { A l'abri de l'air.. 74,5

15 sept. HCl bouillant donne................ 99

Les radiations jaunes et rouges ont faiblement abaissé les chiffres du chlore actif.

Ce sont donc les radiations violettes et voisines qui transforment les hypochlorites en chlorites, et le chlorite, aussi bien que le chlorate quand il s'en produit, se forme par fixation de l'oxygène de l'hypochlorite décomposé sur le sel non décomposé.

Ces deux méthodes, bien qu'impropres à faire un dosage d'hypochlorite modifié, suffisent cependant pour établir le mécanisme de l'action produite par la lumière.

Les mêmes actions photochimiques s'exercent sur les hypochlorites de potasse et de soude.

Les chlorites sont beaucoup plus stables que les hypochlorites, sans être cependant absolument inaltérables; mais il faut un temps assez long pour constater des transformations notables.

Procédé de Pénot modifié. — Les chlorites et les chlorates sont sans action sur la solution alcaline d'arsénite de potasse, ce qui revient à dire que le procédé Pénot (1) est un bon procédé de dosage des hypochlorites, et qu'il donnera un chiffre exact,

---

(1) Pénot, *Bull. de la Soc. ind. de Mulhouse*, 1852, n° 118.

même avec ces sels modifiés par la lumière ou la chaleur ; mais nous trouvons plus commode et aussi exact de l'employer comme l'a conseillé Mohr (1).

Cette méthode montra que la destruction des hypochlorites est maxima dans le violet et les radiations voisines ; qu'elle est à peu près nulle dans le rouge, en opérant en hiver, ou, plus exactement, qu'elle est dans cette radiation ce qu'elle est dans l'obscurité. En attendant assez longtemps, on constate que la destruction des hypochlorites est totale, rapidement à la lumière et à la longue dans l'obscurité absolue.

Un autre médicament d'une grande activité, l'*acide cyanhydrique*, peut se transformer, sous l'influence de la lumière, en un produit noirâtre insoluble. Comme dans l'acide préparé par le procédé Gay-Lussac, acide qui s'altère le plus facilement, on a cru constater la présence de l'ammoniaque en même temps que celle du produit brun, cette décomposition peut être considérée comme un dédoublement plus ou moins complexe de l'acide cyanhydrique.

Boullay représente le produit brun par la formule $C^{10}Az^4H^2$, mais Johnston, Pelouze et Richardson indiquent dans ce corps, nommé *acide azulmique* (ou azulmine), la présence de l'oxygène. L'oxygène proviendrait ici de l'eau, qui se combinerait aux produits de la décomposition de l'acide

---

(1) Mohr, *Liqueurs titrées*. Traduct. Forthomme, p. 350.

lui-même. Ladécomposition de l'acide cyanhydrique est donc quelque chose de plus qu'un dédoublement avec condensation; néanmoins, faute de
pouvoir lui assigner dans cette étude une place bien
rationnelle, nous en parlerons ici.

Ajoutons encore, pour montrer qu'il n'y a peut-
être pas de raison de classer ce qui a rapport à
l'acide cyanhydrique avec les cas d'isomérie, qu'il
n'y a point entre l'acide azulmique et l'acide cyanhydrique les mêmes rapports qu'entre le paracya-
nogène et le cyanogène; cependant, il convient de
dire que, pour MM. Bussy et Buignet, il n'y a pas
formation d'un produit ammoniacal.

Nous possédons, sur la question qui nous occupe,
les recherches de Millon (1), celles de MM. Bussy
et Buignet (2), celles de M. Gautier (3), et enfin les
résultats de M. Petit (4); ces dernières recherches
ayant pour but d'établir les meilleures conditions
de conservation des solutions cyanhydriques.

MM. Bussy et Buignet ont constaté que l'acide
de Gea-Pessina s'altérait bien moins facilement que
celui de Gay-Lussac, et que l'altération produite
ou préparée par la lumière se continuait dans
l'obscurité.

La différence de stabilité des deux acides tient à
ce que les procédés de préparation fournissent généralement des produits de composition différente.

(1) Millon, *Comp. rend.*, 1861.
(2) Bussy et Buignet, *Jour. de phar. et de chi.*, 1863.
(3) Gautier, *An. de chi. et de phy.*, 1866.
(4) A. Petit, *Bullet. de thérapeut. médic. et chir.*, 1873.

On le constate en conservant un certain temps de l'acide de Pessina ; à la lumière, les flacons qui le contiennent deviennent bleuâtres ; souvent même, on y trouve un abondant précipité bleu. L'acide préparé avec le ferrocyanure de potassium contient donc, dans ce cas, de l'acide ferrocyanhydrique entraîné pendant la préparation, et c'est probablement cet acide qui lui donnerait de la stabilité, et qui, certainement, lui communique la propriété de se colorer en bleu.

Pour déterminer quelles radiations amènent l'abaissement du titre des solutions cyanhydriques, nous avons préparé de cet acide par le procédé de Pessina ; mais, les conditions de la préparation n'ayant point permis l'entraînement de l'acide ferrocyanhydrique, nous nous sommes trouvés avoir opéré sur un acide plutôt semblable à celui de Gay-Lussac qu'à celui de Gea-Fessina.

Les dosages furent faits tantôt par le procédé Fordos, tantôt par le procédé Liebig. — La comparaison des changements de titre n'est possible qu'à la condition de conserver les solutions dans des tubes scellés.

(1) Solution de CyH préparée le 10 novembre 1877. — Titre 9,415 o/o réel.

En janvier, cette solution donne les chiffres suivants :

Dans l'obscurité............	8,208 o/o
Dans le rouge et le jaune....	8,100
Dans le bleu-violet.........	7,894
Dans la lumière blanche.....	7,760

Ces solutions se sont colorées surtout dans le bleu-violet et la lumière blanche.

L'action produite dans la lumière blanche, de novembre à janvier, doit être considérée comme la différence entre le chiffre trouvé dans l'obscurité et la lumière blanche : — soit, 8,208 — 7,760 = 0,448.

L'action des radiations bleues et violettes est 8,208 — 7,894 = 0,304. L'action des rayons rouges et jaunes est 8,208 — 8,100 = 0,108. Toutes les radiations agissent donc sur les solutions cyanhydriques ; de plus, la somme des actions produites dans le bleu-violet et dans le jaune-rouge étant à peu près égale à celle de la lumière blanche, il en résulte que toutes les radiations agissent dans le même sens pour abaisser le titre des solutions cyanhydriques.

(2) Solution préparée le 12 novembre. — Titre 13 o/o.

28 novembre. — Coloration faible dans la lumière blanche, et bleu-violet.

Lumière blanche...........	11,104 o/o
— bleu-violet.......	11,174
— jaune-rouge......	12,480

26 janvier. — Coloration dans toutes les conditions.

Lumière blanche...........	9,15 o/o
— bleu-violet........	9,50
— jaune-rouge........	10,45
Obscurité.................	12,00

(3) Solution préparée le 12 décembre. — Titre 2,18 o/o.

Cette solution contient, au 10 janvier :

<pre>
Dans l'obscurité.............   2,08 o/o
Dans le bleu-violet..........   1,80
Dans le jaune-rouge..........   1,89
</pre>

Et, le 10 février :

<pre>
Dans l'obscurité.............   2,04 o/o
Dans le bleu-violet..........   1,40
Dans le rouge-jaune..........   1,70
</pre>

(4) Solution préparée le 12 février. — Titre 4,50 o/o.

Elle contient, le 12 avril :

<pre>
Dans l'obscurité..............   3,97 o/o
Dans le bleu-violet...........   2,75
Dans le rouge-jaune...........   3,70
</pre>

Tous ces chiffre concordent pour indiquer un minimum de destruction dans l'obscurité, et un maximum très net dans le violet (1).

Telle est l'influence de la lumière sur la décomposition de ce médicament ; mais, le mieux étant de préparer un acide pur et des solutions inaltérables, donnons le procédé indiqué par M. Gautier pour arriver à ce résultat : on prend un ballon d'environ 500 grammes de capacité ; à ce ballon est adapté un tube à direction ascensionnelle pour permettre à la vapeur d'eau entraînée de retomber dans le ballon. Ce tube, de 75 centimètres de long, débouche dans un autre tube plus large, de même

______

(1) La coloration des solutions est plus sensible et l'abaissement du titre plus marqué en présence d'air, bien qu'il n'y ait pas d'oxygène fixé en quantité appréciable.

longueur et à direction verticale. Ce second tube est chargé de chlorure de calcium fondu et communique avec un ballon contenant aussi du chlorure de calcium fondu. Ce flacon donne naissance à un autre tube deux fois recourbé qui se rend dans un récipient à long col entouré de sel marin et de glace.

Les proportions adoptées par l'auteur sont les suivantes : sable siliceux, 40 ; cyanure jaune pulvérisé, 100 ; eau, 140 ; acide sulfurique à 66°, 80. On met dans le ballon le mélange de sable et de cyanure ; on n'y ajoute le mélange d'acide et d'eau que lorsqu'il est refroidi. On cesse de chauffer quand le haut de la colonne à chlorure commence à s'hydrater.

Avant de terminer cette série de phénomènes photochimiques, nous devrions peut-être parler des altérations qu'éprouvent le *chloroforme* et l'*iodure d'éthyle*, mais certaines raisons nous déterminent, quant à présent, à renvoyer l'étude de ces altérations à la troisième partie de ce travail. L'avenir décidera la place qu'ils doivent réellement occuper.

IV. *Isomérie.* — Les modifications apportées par la lumière à la constitution des corps organiques présentent aussi, pour le pharmacien, dans certains cas restreints, on doit le reconnaître, le plus haut intérêt.

En dehors des produits pharmaceutiques, nous citerons la transformation de l'*huile d'elœococca*. Cette huile, extraite à froid par la pression des graines récentes décortiquées, reste indéfiniment liquide dans l'obscurité, même à une température inférieure à zéro ; mais, vient-on à l'exposer au soleil dans un tube fermé à la lampe, de manière à empêcher l'accès de l'air, on voit le liquide se concréter peu à peu. Ce sont les rayons les plus réfrangibles du spectre qui paraissent produire la modification.

L'huile liquide est neutre ; la matière concrétée par la lumière est neutre (1).

Parmi les produits employés en pharmacie, certains alcaloïdes ou leurs sels semblent fournir des exemples de transformations isomériques, mais généralement cette modification est accompagnée d'une destruction partielle du produit, et les faits restent douteux. Avec la quinine et ses sels, les transformations isomériques présentent, au contraire, une grande netteté.

La *quinine* et ses *solutions sulfuriques* méritent donc une attention toute spéciale.

Etudions d'abord les solutions de *sulfate de quinine* en présence de quelques gouttes d'acide sulfurique. On sait qu'à la lumière ces solutions se colorent peu à peu, que la quinine s'y transforme, et qu'il y a production d'une petite quantité d'un produit oxydé. L'action exercée par ces solutions sur les rayons lumineux a été étudiée par Herschel (1)

---

(1) Cloëz. *Rép. de phar.*, juin 1876, p. 328, *Comp. rend.* (nouv. série), t. III, p. 635.

(1) Herschel, *Philos. trans.*, 1845, p. 143 et 147. *An. de ch. et de phy.*, t. XXXVIII, p. 378-380 et 495., t. XLIII, p. 85.

et Stokes (2). Dans ces recherches, qui sont des recherches physiques et non chimiques, on a constaté la transformation et la restitution des radiations avec augmentation de la longueur d'onde, mais on n'avait point déterminé si une partie des radiations incidentes n'était point employée à produire un travail chimique. Geiger reconnut le premier que les solutions de sel de quinine étaient décomposées par la lumière; M. Pasteur admit qu'il y avait formation de *quinicine* (2).

Depuis, le fait a été nié, on verra plus loin dans quelles conditions. J'ai fait sur ce sujet une série de recherches d'où il résulte pour moi qu'il y a sans aucun doute transformation de la quinine en un autre corps qui, en solution neutre, ne cristallise pas en présence du sulfate d'ammoniaque. Ce corps est-il de la quinine, est-il une autre base, a-t-il même perdu les propriétés alcaloïdiques? Je n'ai point cherché à trancher spécialement cette question, j'ai constaté simplement que la quantité de quinine qui existait en solution diminuait, qu'à la température ordinaire (au-dessous de 60°) la chaleur n'était pour rien dans la transformation, et qu'enfin cette transformation était produite par les rayons qui déterminent la fluorescence (3).

J'ai constaté de plus que cette transformation,

(1) Stokes, *Philos. trans.*, p. 463. *An. de ch. et de phy.* (3). .XXXVIII p. 5o6.
(2) Pasteur, *Comp. rend.*, t. XXXVIII, p. 11o.
(3) *An. de ch. et de phy.* (5), t. XI, p. 210 à 214.

d'abord sensible, devenait très lente ; elle semble même presque s'arrêter (1).

M. Pasteur, afin d'éviter les altérations que la lumière peut produire, recommande aux fabricants de sulfate de quinine de n'exposer à la lumière directe du soleil, ni leurs produits ni mêmes les écorces. M. Carles (2), voulant constater si la lumière transformait réellement la quinine en alcaloïdes amorphes, a exposé au soleil pendant le mois d'août de la poudre de quinquina, puis il a analysé cette poudre insolée et la même poudre conservée à l'abri de l'action solaire ; il a trouvé les chiffres suivants :

Poudre insolée...	Sulfate de quinine...	26,30	25,80
	Alcaloïdes précipités des eaux mères...	19,55	20,20
Poudre conservée à l'abri de l'action solaire....	Sulfate de quinine...	30,10	30,85
	Alcaloïdes précipités des eaux mères...	10,75	18,85

M. Broughton a mis hors de doute la même influence décomposante sur les écorces récoltées par le gouvernement anglais, mais M. Hesse a démontré que la lumière, tout en agissant, n'était pas assez puissante pour favoriser très activement la production d'alcaloïdes amorphes.

Ce qui vient d'être rapporté semble en désaccord avec une série intéressante d'observations dues à M. Flückiger (3), mais on verra bien vite que la

(1) Chastaing, *Thèse de l'Éc. de pharm.*, juin 1874, p. 56.
(2) Carles, *Thèse de l'Éc. de pharm.*, 1871.
(3) Flückiger, *Pharm. Jour.*, mai 1878, p. 885 ; *Rép. de Pharm.* août 1878, p. 360.

contradiction est apparente et non réelle, si l'on remarque que d'un côté il s'agit de solution acide de sulfate de quinine, tandis que de l'autre il s'agit simplement de solution de quinine.

Les conditions dans lesquelles la lumière agissait étant différentes, il n'est pas étonnant que les résultats soient différents.

Flückiger a d'abord reconnu que la quinine·pure était promptement et totalement détruite par la lumière du soleil. Deux mille parties d'eau à 17° dissolvent un peu moins d'une partie de quinine en formant une solution limpide qui reste incolore et claire aussi longtemps qu'on la conserve à l'ombre ou à la lumière diffuse, dans un vase ouvert ou fermé.

Mais, en l'exposant pendant quelques heures à la lumière du soleil, en juillet ou en août, le liquide devient jaunâtre ou brunâtre, la coloration se développant uniformément dans toute sa masse sans commencer par la surface. Peu à peu, il se trouble; et, au bout de quelques jours, se dépose une matière floconneuse de couleur brune, dont la quantité, lorsqu'elle est sèche, égale à peu près celle de la quinine primitivement dissoute. Une petite quantité d'alcaloïde reste cependant dans la dissolution, car celle-ci conserve une teinte brunâtre et une saveur amère rappelant celle de la quinine; mais la proportion en est si minime, que le tanin et l'iodure de mercure et de potassium ne produisent dans cette dissolution qu'un trouble extrêmement faible.

La transformation de la quinine en cette substance brune que M. Flückiger nomme *quinirétine*,
est due uniquement à la lumière solaire.

La quinirétine aurait la composition de la quinine, mais ce n'est ni de la quinine ni de la quinicine : elle est dépourvue de réaction alcaline; insoluble à la fois dans l'alcool et l'éther.

Elle est dissoute par les acides, mais ne peut ni
les neutraliser ni se combiner avec eux. Sa saveur
rappelle celle de la quinine, et, en même temps,
est un peu aromatique.

La solution chlorhydrique de *quinirétine* n'est
point précipitée par le tanin, ce qui confirme
davantage dans l'opinion que cette substance n'est
point un alcaloïde. La même solution est précipitée
lorsqu'on la neutralise par l'ammoniaque, mais un
excès de ce réactif ne dissout pas la quinirétine,
ce qui la distingue encore de la quinicine. Dans le
cas de la solution de sulfate de quinine insolée,
au contraire, il reste dans la liqueur avec le
sulfate d'ammoniaque, après séparation du sulfate
de quinine, un corps qui donne les réactions générales des alcaloïdes et qui, d'abord précipité par
l'ammoniaque, se redissout dans un excès de ce
réactif.

La quinirétine de Flückiger se colore en vert par
l'eau chlorée et l'ammoniaque absolument comme
la quinine, la quinicine et la quinidine; mais, chauf
fée dans un tube, elle ne donne pas de vapeurs gou-
dronneuses rouges.

L'addition d'acide à une solution de quinine,

c'est-à-dire sa transformation en un sel, retarde l'action de la lumière solaire.

En solution aqueuse, les autres *alcaloïdes du quinquina* sont moins affectés par la lumière que la quinine; du reste, la quinine est plus facilement dissoute par l'eau. Il semble, en effet, qu'il existe un certain rapport entre l'altération plus ou moins facile d'un alcaloïde et sa solubilité plus ou moins grande : une solution aqueuse de *morphine* est très légèrement colorée par la lumière solaire, tandis qu'une solution de *codéine* l'est beaucoup plus; une solution de *strychnine* est à peine altérée, tandis qu'une solution de *brucine* tourne au brun. Pour Flückiger, il est évident que le degré de solubilité est d'une importance majeure; on peut admettre cette opinion, tout en remarquant cependant que ce ne doit pas être là la cause unique de l'altérabilité plus ou moins grande de certains alcaloïdes sous l'influence lumineuse.

Enfin, l'oxygène de l'air peut être fixé sur ces substances et il y a alors un phénomène d'un ordre tout à fait différent.

Il existe encore certaines modifications lumineuses qui ne répondent ni à un état allotropique ni à un dédoublement du corps préexistant en d'autres corps qu'on puisse isoler, ni à un fait d'isomérie.

Cette action de la lumière a été qualifiée d'action purement physique, ce qui revient à dire que certaines propriétés physique du corps, telles que la couleur, le point de fusion, ont été changées sans que le corps ait éprouvé une modification profonde, car il repasse facilement à son état premier.

Le principe cristallin retiré de la petite centaurée par M. Méhu est le meilleur exemple de ce genre d'action.

Les faits suivants ont été constatés par M. Méhu (1) : cette substance, qu'il a nommée *érythro-centaurine*, est incolore ; exposée à l'action directe des rayons solaires, on la voit passer assez rapidement au rose, puis au rouge vif.

La coloration rouge une fois produite disparaît très-lentement dans l'obscurité ; au bout de plus de trois ans, la décoloration n'est point encore complète.

L'*érythro-centaurine* a exactement, après insolation, le poids qu'elle avait avant l'insolation.

La lumière rougit les cristaux incolores au sein d'un liquide dans lequel ils sont plongés.

Dans les gaz, la coloration rouge fut produite sans changement de poids, quel que fût le gaz employé.

Des cristaux incolores dissous dans du chloroforme qu'on place à la lumière rougissent à mesure qu'ils se forment par suite de l'évaporation du liquide ; ils sont rouges jusque dans leur plus intime profondeur, et le poids des cristaux rougis est exactement le poids des cristaux incolores primitivement dissous.

En tous cas, ces cristaux colorés donnent des solutions absolument incolores. L'évaporation de

(1) Méhu, *Thèse pour le doctor. en médecine* (Paris), déc. 1865. *Etude chimiq. et phys. sur l'erythro-centaurine et sur la santonine.*

ces solutions, faite dans l'obscurité absolue, restitue des cristaux incolores.

Non-seulement les dissolvants liquides peuvent détruire l'action physique de la lumière sur l'érythro-centaurine, mais, par l'action de la chaleur, il est possible de faire passer la modification colorée à la modification incolore.

Elle se décolore complètement à 130°; et son poids de fusion 136° est le même que précédemment.

Le liquide résultant de la fusion de l'érythro-centaurine est parfaitement incolore; par refroidissement, il donne ce corps cristallisé, incolore, et susceptible de rougir de nouveau quand on l'insole.

Dans des atmosphères privées d'oxygène, on obtient la coloration rouge par la lumière, la décoloration par la chaleur. La coloration rouge se produit avec la même rapidité dans l'hydrogène que dans l'oxygène.

Le fait clair de tout ceci est qu'il n'y a point action oxydante; mais n'y a-t-il qu'une simple modification physique?

Il peut y avoir plus, mais le mieux est actuellement de se contenter de la constatation des faits et de ne point chercher à les expliquer.

Les rayons les plus réfringents agissent seuls pour produire la coloration; toute substance qui absorbe ces mêmes rayons tamise une lumière devenue inactive.

La *santonine* est à rapprocher de l'érythro-centaurine : elle se colore en jaune sous l'influence de la lumière. Ce fait est connu depuis longtemps, et Berzélius (1) avait constaté que cette coloration jaune peut se produire dans l'eau, l'alcool et l'éther.

Zantedeschi (2) remarqua que la chaleur n'était pour rien dans cet effet, et Heldt le premier fait remarquer que l'oxygène ne doit pas intervenir dans le phénomène, car la coloration jaune se produit dans une atmosphère d'hydrogène.

Plus récemment, Fausto Sestini (3) a repris cette question et isolé un produit de transformation particulier qu'il a nommé *photosantonine*. La coloration jaune se produit surtout sous l'influence des rayons les plus réfrangibles ; il se produit en même temps un peu d'acide formique et de matière résineuse. La *photosantonine*, corps incolore, se forme difficilement avec la substance solide, mais facilement dans la solution alcoolique. Heldt (4) a obtenu un produit de substitution chlorée, la *bichlorosantonine*. Fausto Sestini a substitué 1, 2 et 3 équivalents de chlore. La *monochlorosantonine* est facilement colorée en jaune par la lumière (moins facilement, cependant, que la santonine) ; la *dichlorosantonine* est moins altérable encore, et la *trichlorosantonine* ne se colore pas (5).

Certaines de ces expériences ont été reprises

(1) Berzélius, 1849, *Traité de chimie*, t. V, p. 495.
(2) Zantedeschi et Borlettino, *Vien, acad. Berich.*, juil. 1856.
(3) F. Sestini, *Bull. de la Soc. chim.*, 1864, t. II, p. 12 *Bull. de la Soc. chim.*, 1865, t. III, p. 271.
(4) Heldt, *An. der chem. u. phar.*, t. LXIII, p. 10.
(5) F. Sestini, *Bull. de la soc. chim.*, t. V, p. 202.

par M. Méhu (1). Il a constaté que la santonine devenue jaune avait absolument les mêmes dissolvants que la santonine incolore; dissoute dans l'éther ou l'alcool, elle colore ces liquides en jaune, mais cette solution se décolore en quelques heures à l'obscurité, et bien plus rapidement encore à la lumière solaire directe; puis elle donne par évaporation lente dans l'obscurité des cristaux rigoureusement incolores. La chaleur ne décolore pas la santonine jaune; elle ne redevient incolore que par l'action des dissolvants.

Le point de fusion de la santonine est 170°; quand ce corps a été modifié, il s'abaisse à 155°, et même plus bas.

La coloration jaune de la santonine se produisant même dans l'hydrogène, il en résulte que cette coloration n'est point due à un phénomène d'oxydation. Mais il est très possible que, sous l'influence simultanée de l'air et de la lumière, le produit obtenu ne soit pas uniquement de la santonine colorée, mais un mélange de santonine avec une très petite quantité de la photosantonine de Fausto Sestini. C'est là un fait qu'on n'a point le droit d'affirmer, mais qui ne semble pas impossible quand on considère l'action ordinaire de l'air sur les produits organiques, surtout lorsque le corps en expérience est frappé par les radiations les plus réfrangibles. On a conseillé l'emploi de la santonine colorée par la lumière : évidemment, le corps ainsi

(1) Méhu, *Thèse de la Fac. de méde. de Paris,* déc. 1865, p. 33 et suivantes.

modifié est plus facile à reconnaître, mais la crainte
de délivrer alors un produit jouissant de propriétés
qui ne sont plus absolument celles de la santonine,
doit faire préférer l'emploi de la substance non
modifiée.

TROISIÈME PARTIE

ACTION SIMULTANÉE DE L'AIR ET DE LA LUMIÈRE

On étudiera dans cette troisième partie les modifications apportées à la composition de certains médicaments chimiques sous l'influence simultanée de l'air et de la lumière.

Je prendrai les trois divisions suivantes : Action exercée sur les corps métalloïdiques et métalliques ; action sur les corps carbonés ou organiques ; action sur le mélange des premiers et des seconds.

I. *Action sur les corps minéraux.*

Nous avons déjà étudié l'action de l'oxygène de l'air sur le phosphore, l'action de la lumière et la production du phosphore rouge, mais ce métalloïde se présente encore quelquefois sous un aspect différent. Conservé sous l'eau, il se recouvre d'une matière blanchâtre, tout à fait opaque ; ce corps, par fusion, se retransforme sans perte de poids en phosphore ordinaire (H. Rose) ; cette matière blanchâtre a fait appeler ce phosphore, phosphore blanc. Elle est considérée comme du phosphore modifié seulement dans son état moléculaire, et paraît être au phosphore nouvellement préparé ce qu'est au sucre d'orge transparent, la matière blanche qui le recouvre en couche plus ou moins épaisse quand il est préparé depuis longtemps. (Debray.)

Pour M. E. Baudrimont, le phosphore blanc n'est ni un hydrate, ni un état allotropique du phosphore normal, ni du phosphore dévitrifié; ce n'est que du phosphore ordinaire dépoli par l'action comburante de l'air dissous dans l'eau (1). Du reste, Cagniard-Latour faisait remarquer que cette transformation ne se faisait pas dans des tubes dont l'eau avait été privée d'air. Pour Cagniard-Latour comme pour M. E. Baudrimont, l'air est absolument nécessaire ; mais il convient d'ajouter que certains chimistes affirment que, sans la lumière, le phosphore blanc ne se produirait pas. Les deux agents, air et lumière, semblent donc jouer un rôle dans ce phénomène.

Un autre métalloïde, de la famille de l'azote et du phosphore, l'arsenic, s'oxyde rapidement à l'air; aussi le conserve-t-on sous une couche d'eau non aérée. Mais rarement l'eau est complètement privée d'air, car les flacons ne ferment point d'une manière parfaite. L'eau reprend alors de l'oxygène

____

(1) E. Baudrimont, *Comp. rend.*, nov. 1865.

qu'elle abandonne à l'arsenic et une quantité pro-
portionnelle d'acide arsénieux passe en solution.
Si l'on suppose que dans ce cas la lumière agit
comme elle le fait sur une solution alcaline faible
qui contient de l'arsenic, la quantité d'acide arsénieux formé serait variable avec l'espèce de radiation qui éclairerait le flacon, et c'est dans le rouge
qu'il se formerait en plus grande quantité. Avec la
solution alcaline, il s'en produit environ 1/5 en plus
dans le rouge que dans le violet (1).

On constate parfois cette même tendance à
fixer l'oxygène avec les solutions des arsénites
alcalins : peu à peu il se produit des arséniates.
Cette oxydation se constate même dans l'obscurité, mais elle est maxima dans le rouge (2). Le
pharmacien devra donc placer ces solutions dans
des flacons violets qu'il conservera dans l'obscurité, car le véritable flacon bleu violet n'existe
pas.

Cette altération se produit-elle dans la liqueur
de Fowler? Le fait est possible et présenterait
de l'intérêt à être constaté. Il est très-important de
noter que cette oxydation de l'acide arsénieux
ne se produit pas constamment. Mohr, ayant une
solution d'arsénite préparée depuis plus de quatre
ans et inaltérée, la mélangea avec une solution qu'il
venait de préparer : il se forma de l'arséniate dans
le mélange. Or, l'acide arsénieux employé en

(1) *An. de phy. et de ch.* (5), t. II. p. 166 à 168.
(2) *An. de phy. et de ch.* (5), t. II. p. 169 et 170.

dernier lieu donnait par la sublimation un dépôt rouge de sulfure d'arsenic.

Pour Mohr, les solutions sont inaltérables toutes les fois qu'elles sont exemptes de corps oxydables (sulfure d'arsenic ou de sodium, sulfite de soude, etc.) (1).

L'hydrogène sulfuré en solution aqueuse forme, en présence de l'oxygène de l'air, de l'eau et du soufre; nous avons eu déjà occasion de constater ce phénomène dans la première partie de ce travail, à propos de l'action de l'oxygène sur les médicaments chimiques, et d'indiquer les moyens d'y remédier dans la mesure du possible; mais les radiations lumineuses jouent aussi un rôle dans cette action chimique : elles facilitent ou diminuent l'oxydation et, partant, la destruction du gaz sulfhydrique dissous.

En se rapportant aux règles générales de l'action exercée par les radiations sur les composés chimiques, on voit que, du vert au violet, existe une force désoxydante; du jaune au rouge, une force oxydante. Aussi des solutions d'hydrogène sulfuré conservées dans des flacons incomplètement remplis, se détruisent-elles moins rapidement dans le violet et dans l'obscurité, que dans le jaune et le rouge (2). Le même fait est constatable et bien plus facilement mesurable avec une solution de monosulfure de sodium (3). Je citerai les chiffres sui-

---

(1) Mohr, *Traité d'anal. ch. à l'aide des liqueurs titrées*, 1875. p. 342.
(2) *An. de ch. et phy.* (5), t. XI. p. 170 et 171.
(3) *An. de ch. et phy.* (5), t. XI. p. 171 » 173.

vants : Une solution qui, par 20^{cc}, contenait 0^{gr},626 de sulfure de sodium, conservée pendant quelque temps dans l'obscurité et sous des écrans bleu, violet et rouge contenait encore :

Dans l'obscurité.......... 0,546 de sulfure.
   » Violet............... 0,560
   » Rouge 0,482

Le polysulfure de potassium se conduit de même. Avec le sulfure du calcium, on arrive encore aux mêmes résultats ; mais il convient, dans toutes ces recherches, de faire les remarques suivantes :

1° Quand on dose une solution de sulfure exposée aux différentes radiations, pendant un temps relativement court, le maximum d'oxydation se trouve indistinctement dans l'une ou l'autre des conditions lumineuses, mais les différences entre les actions produites sont faibles. En un mot, l'action photochimique semble n'être pas encore établie d'une façon régulière.

2° En attendant davantage, on trouve toujours que la destruction du sulfure est maxima dans le rouge, minima dans le violet, mais la valeur trouvée avec cette radiation diffère souvent peu de celle trouvée dans l'obscurité.

Différentes solutions de sulfure de calcium nous ont donné les valeurs suivantes, l'oxydations étant représentée par 100 dans l'obscurité :

(1) Obscurité... 100   (2) Obscurité... 100
   Violet...... 99,5   Violet...... 98
   Rouge...... 106,5   Rouge 112

(3)	Obscurité...	100	(4)	Obscurité...	100
	Violet......	98		Violet......	97
	Rouge	111		Rouge......	113,5

3° Enfin, lorsqu'on attend trop longtemps, un moment arrive où toutes les solutions dosées avec l'iode accusent le même chiffre ; or, à ce moment, il n'existe plus dans les solutions que de l'hyposulfite. Cette transformation totale du sulfure en hyposulfite doit évidemment être atteinte plutôt dans le rouge que dans les autres conditions ; mais alors, comme une modification de cet hyposulfite (s'il y en a une) se produit lentement, le sulfure qui existe encore dans l'obscuritr et le violet a le temps de se transformer totalement avant que l'hyposulfite formé dans le rouge soit modifié ; et, comme conséquence, on trouve dans toutes les conditions même quantité d'hyposulfite. Il y aurait donc lieu de chercher si les radiations agissent sur les hyposulfites, et en particulier sur l'hyposulfite de soude. En attendant des recherches précises, on se contentera de conserver la solution de ce sel dans l'obscurité.

L'hydrogène sulfuré nous a entraîné dans l'étude des sulfures, passons maintenant à celle de l'acide sulfureux, corps dont nous avons déjà parlé, et qui est ordinairement conservé en solution aqueuse : il faut avoir soin, dans cette préparation, de n'employer que de l'eau privée d'air ; malgré cette précaution, les solution ss'altèrent encore assez vite, surtout sous l'influence lumineuse.

Lœw (1) fait remarquer que la solution exposée pendant plusieurs mois à la lumière solaire contient du soufre et de l'acide sulfurique. S'est-il produit là simplement la réaction qui se passe dans le tube employé par M. Morren, ou bien y a-t-il eu en même temps de l'oxygène fixé? Dans ce cas, quelles sont les radiations qui ont déterminé la fixation de l'oxygène?

Ce sont là des questions auxquelles je ne puis répondre, car un gaz en solution n'est plus comparable à ce même gaz non dissous. L'oxygène et l'acide sulfureux secs ne se combinent pas; il n'y a pas formation d'acide sulfurique; en solution, au contraire, l'acide sulfurique se forme. Le gaz iodhydrique est complètement dissocié par la lumière en iode et hydrogène, tandis que la solution de ce même gaz est inaltérable (2).

Comme exemple de l'action exercée simultanément par l'oxygène et la lumière sur les sels, prenons les sels ferreux. Ils tendent généralement à passer au maximum d'oxydation; il en a été parlé dans la première partie de ce travail, mais il n'a pas été tenu compte de l'effet produit en même temps par la lumière. Ces sels étant supposés dans le vide, la lumière n'aurait sur eux aucune action; mais, à l'air, certaines radiations agissent pour augmenter l'oxydation, c'est à-dire pour la rendre plus active que dans l'obscurité; à même température, d'autres radiations agissent au contraire en sens

(1) O. Lœw, *Bull. de la Soc. ch.* t. XIV, p. 191.
(2) G. Lemoine, *An. de ch. et de ph.* (5), t. XII, oct. 1877.

inverse. C'est l'augmentation ou la diminution de l'oxydation des sels ferreux sous l'influence des différentes radiations que nous allons étudier ici.

Nous avons opéré sur du sulfate ferreux en solution et après formation d'une certaine quantité de persel, dosé ce qui restait de protosel avec le permanganate de potasse.

Les résultats obtenus ont été les suivants :

Première expérience. — A température égale et pendant des temps égaux, dans une solution de sulfate de fer $0^{gr},504$ de protoxyde se transformèrent en sesquioxyde dans l'obscurité ; $0^{gr},720$ dans le rouge et $0^{gr},072$ dans le violet éprouvèrent la même transformation. L'action chimique oxydante étant représentée par 1 dans l'obscurité, on a :

Obscurité   1,00
Rouge   1,48
Violet   0,148

Deuxième expérience (du 20 au 21 mai 1876).— En représentant l'action chimique dans l'obscurité par 1, on a :

Obscurité   1,00
Rouge   1,55
Violet   0,39

Le violet se révèle avec une activité plus grande que le rouge. Les chiffres ne sont point les mêmes que dans la première expérience, mais toujours les variations se produisent dans le même sens : toujours dans le rouge on trouve plus de sesquioxyde

formé que dans le violet, qui, lui, en contient moins
que dans l'obscurité.

Troisième expérience (du 22 au 25 août 1876).
— L'oxydation dans l'obscurité étant considérée
comme 1, on a trouvé :

        Obscurité...................... 1,00
        Rouge......................... 1,25
        Vert.......................... 0,90
        Violet 0,45

Quatrième expérience (du 15 au 20 novembre
1876). — Cette expérience a donné l'action chimique étant 1 dans l'obscurité,

        Obscurité.... 1,00   Rouge.... 1,21
        Vert 0,86   Violet..... 0,58

Ce genre d'action se constate aussi avec l'iodure
ferreux ; ce sel fixe l'oxygène de l'air, précipite du
sesquioxyde et contient de l'iode libre. Cet effet se
produit dans toutes les radiations, mais il est maximum dans les moins réfrangibles. En représentant
l'iode, devenu libre dans l'obscurité, par 100, nous
avons trouvé :

    (1) Obscurité.... 100   (2) Obscurité.... 100
        Rouge 150   Rouge....... 160
    (3) Obscurité...................... 100
        Rouge 145

Enfin, il faut ajouter que le chlorure ferreux en
solution nous a présenté une grande stabilité dans
toutes les radiations.

Ces quelques faits, tout en laissant la question

incomplète, suffisent pour établir d'une façon générale le mode d'action de la lumière et de l'air sur les substances minérales.

II. *Action sur les corps organiques.*

Quand la lumière frappe un corps organique, souvent elle en détermine ou elle en active l'oxydation; dans la généralité des cas, il y a en même temps dégagement d'acide carbonique.

L'étude de cette action n'est pour ainsi dire que commencée ; nous citerons néanmoins les quelques déterminations qui ont été faites, après avoir rappelé que, d'une façon générale, toutes les radiations agissent pour oxyder les corps organiques, et que les plus réfrangibles sont les plus actives.

Commençons par les carbures, et prenons comme type d'étude l'essence de térébenthine.

L'essence de térébenthine s'oxyde à l'air : nous avons exposé ce fait avec quelques détails dans la première partie de notre sujet, mais sans nous préoccuper de l'action des différents rayons. Ce carbure humide et en présence de la lumière (1) absorbe l'oxygène pur et formerait

$$C^{20} H^{16} O^2 + H^2 O^2$$

Ayant placé l'essence de térébenthine dans différentes conditions, nous avons constaté à la fin du mois d'avril que l'oxydation du carbure, ou plutôt

(1) Sobreno. *Comp. rend.*. t. 33. p. 66.

que l'oxygène absorbé, étant 1 dans l'obscurité, était dans le rouge 2,36 et dans le violet 2,57; mais plus tard, du 8 au 15 mai, un même poids d'essence avait absorbé un volume d'oxygène remplacé par un poids de mercure qui est dans

L'obscurité..................... 36,25
Le rouge...................... 70,64
Le violet.................... 108,14

En prenant l'oxydation dans l'obscurité égale à 1,00 on a :

Rouge.... 1,94 sensiblement... 2,00
Violet.... 2,98   »   ... 3,00

Les chiffres trouvés varient donc avec la saison.

Du reste, au mois de juin, l'oxydant dans l'obscurité étant 1, on trouvait :

Rouge................ 2,00
Violet............... 3,00 et parfois plus.

L'action de la radiation violette semble donc plus marquée en été.

De l'essence récemment préparée se conduit de même. La seule différence est que l'absorption commence un peu plus tard, mais elle suit la même marche.

Quelques essais faits sur l'essence de citron donnèrent des résultats semblables. La méthode suivie était encore la méthode d'absorption dans des tubes placés sur le mercure. En marquant sur les mêmes tubes des repères à deux époques différents, l'oxygène disparu fut représenté par les poids de mercure suivants :

	1° Du 8 au 11 octobre 1876.	2° Du 11 au 15 octobre 1876.	Somme des deux actions.
Obscurité	6,20	9,00	15.20
Rouge.......	14,00	20,50	34,00
Vert.........	12,00	25,00	37,00
Violet	19,25	28,50	47,75

L'oxydation dans l'obscurité étant 1, on a pour les deux expériences :

Obscurité.....................	1,00
Rouge........................	2,23
Vert....	2,43
Violet........................	3,14

Au mois de décembre, les valeurs trouvées furent les suivantes :

Obscurité.....................	1,00
Rouge........................	1,41
Vert.........................	1,44
Violet........................	2,05

En considérant les expériences 1° et 2°, on remarque dans le vert que l'action chimique d'abord faible dans cette radiation croît avec le temps. Ce n'est point là un fait isolé (1).

(1) Dans ces expériences sur l'Essence de térébenthine et sur celles du citron, il n'a point été tenu compte de CO_2 formé, cette cause d'erreur atteint faiblement les valeurs indiquées et plus faiblement encore leur rapport.

Beaucoup d'autres essences contiennent un carbone qui a pour formule $C^{20}H^{16}$ ou un de ses multiples; nous nous contenterons de citer l'essence de romarin, qui renferme un carbure du groupe de l'essence de térébenthine, déviant à gauche, et une grande quantité de camphre du Japon, différant du camphre ordinaire par un pouvoir rotatoire moindre.

L'hydrocarbure bout à 165 degrés et est remarquable par la facilité avec laquelle il absorbe l'oxygène humide sous l'influence de la lumière en donnant des cristaux semblables à ceux que fournit l'essence de térébenthine (1). Vraisemblablement, chaque radiation agit ici comme sur l'essence de térébenthine, mais il est désirable que le fait soit établi par l'expérience.

A côté de ces essences, il en existe d'autres répondant à des fonctions chimiques différentes. Certaines contiennent des aldéhydes. Elles fixent alors simplement l'oxygène pour se transformer en acide. L'essence d'amandes amères, celle de cannelle se conduisent ainsi. Nous citerons quelques expériences faites sur ces deux essences dans différentes conditions lumineuses. L'acide benzoïque formé par l'essence d'amandes amères a été dosé, tantôt avec une solution alcaline, tantôt en plaçant l'essence dans des tubes et en pesant le poids de mercure qui remplaçait l'oxygène disparu. En toute saison, l'oxydation est maxima dans le bleu-violet.

(1) Lallemand. *An. de ch. et de phy.*, (3), t. LVII, p. 404.

De l'essence qui était conservée dans la lumière blanche a été placée sur le mercure dans un espace clos, et des repères posés à différentes époques permettaient de constater si, dans la marche de l'oxydation, il n'y avait pas de variations notables. Il a été constaté ce qui suit :

Le premier et le deuxième jour l'oxydation était rapide et égale dans l'obscurité et le jaune.

Poids de mercure remplaçant l'oxygène disparu :

Obscurité...................... 78,00
Jaune......................... 78,00

Le troisième et le quatrième jour, elle devint dans le jaune double de ce qu'elle était dans l'obscurité.

Obscurité..................... 11,00
Jaune......................... 23,00

Du cinquième au douzième jour, l'action chimique n'a pas été constante; car, le sixième jour, l'oxydation dans l'obscurité était représentée par 4 grammes de mercure, tandis que, dans le jaune, elle l'était par 18.

La moyenne générale des oxydations entre le premier et le douzième jour a été :

Obscurité..................... 1,00
Jaune......................... 1,44
Violet. .... un peu moins de 3

Des dosages volumétriques d'une solution alcoolique d'essence d'amandes amères ont montré que, dans ce cas particulier, l'oxydation étant toujours considérée comme égale à 1 dans l'obscurité, on avait dans les autres conditions :

Rouge.................................... 1,13
Vert..................................... 1,33
Violet 1,50

Dans une autre expérience, les valeurs furent les suivantes :

Obscurité.............................. 1,00
Rouge................................... 1,30
Vert..................................... 1,35
Violet................................... 1,66

Les différences entre les oxydations dans les différentes radiations sont moins sensibles parce que l'alcool intervient probablement pour modifier les actions.

A côté de l'essence d'amandes amères se place celle de cannelle. Cette dernière semble s'oxyder moins rapidement que l'aldéhyde benzoïque, mais l'oxydation se fait toujours, à peu de chose près, suivant les mêmes rapports.

Nous avons, en effet, constaté que l'oxydation, étant 1 dans l'obscurité, pouvait être représentée par 1,81 dans le rouge, et 2,45 dans le violet.

Des recherches faites sur l'aldéhyde ordinaire donnèrent les mêmes valeurs.

Dans la première partie, nous avons parlé de l'oxydation de l'éther de pharmacie, mais sans établir le rôle attribuable à chaque radiation dans cette action chimique ; nos recherches sur l'action des rayons lumineux nous montrèrent que parfois l'oxydation était environ quatre fois plus rapide à la lumière blanche que dans l'obscurité; la radiation violette est celle dont l'énergie est maxima; la rouge est la moins oxydante. Le pharmacien devra donc conserver ce médicament dans des flacons jaunes ou rouges presque pleins, et les placer de préférence dans un endroit obscur.

Ce minimum d'action, ou parfois le manque absolu de toute action chimique, se constate encore dans l'obscurité avec le phénol, tandis qu'à la lumière, on le voit souvent se colorer au bout d'un temps variable. Cependant, comme on a remarqué que le phénol, préparé avec toutes les précautions désirables, était insensible à la lumière, on a admis que la coloration est due à une altération subie par les corps autres que le phénol, et non par le phénol lui-même.

Les expériences suivantes montreront qu'il s'agit, comme généralement, d'une oxydation : on verra de plus quels rayons la déterminent.

Du phénol ordinaire, blanc et cristallisé, a été placé pendant l'hiver de 1874-75, dans des tubes à moitié pleins et exposé aux différentes radiations.

Au commencement du mois de mai 1875, le tube placé dans le violet était devenu rose, mais seulement à la partie supérieure; un autre, dans le rouge, était incolore.

Le 19 mai, dans le rouge, rien de nouveau à constater, mais, dans le violet, coloration rouge très-marquée, surtout à la partie supérieure, et devenant de plus en plus faible à mesure qu'on s'éloignait de la surface. Au fond du tube existe encore de l'acide phénique resté blanc; mais, au mois d'août, un très léger dépôt coloré occupa le fond du tube. Le phénol conservé dans le rouge commençait à rougir seulement à cette époque; celui placé dans le vert s'était aussi lentement coloré.

D'autre phénol à été placé pendant plus de deux ans dans la lumière bleue sans présenter trace de cooration.

La conclusion à tirer est que le phénol pur n'est point oxydé et coloré par la lumière, car le dernier produit dont nous parlons présentait les caractères d'un phénol bien préparé.

Le *chloroforme* est, au point de vue des actions photochimiques, un corps qu'on peut étudier en même temps que le phénol, car, comme lui, il est inaltérable s'il est pur. Étudions ce sujet aussi complètement qu'il est actuellement possible de le faire.

Certains chloroformes se conservent indéfiniment dans l'obscurité ou dans un endroit peu éclairé, tandis qu'exposés à une vive lumière ou en plein soleil ils dégagent des vapeurs jaunâtres et deviennent acides. Cette altération est due, selon M. Personne (1), à une certaine quantité de chloral resté dans le chloroforme lors de la préparation, et c'est ce chloral qui est la seule cause des décompositions qu'on constate plus tard.

(1) Personne, *Thèse pour le Doctor. ès-sciences.* Paris 1876.

Hager, étudiant cette question, constata certains faits qui demanderaient a être vérifiés de nouveau (1). Bœttger conseilla de conserver le chloroforme au contact de la soude, mais Bartscher et Schacht (1868) annoncèrent que, dans des flacons privés d'air, le chloroforme n'était point attaqué par l'action solaire. La considération de la formule du chloral et de celle du gaz chloroxycarbonique conduit à supposer qu'il en doit être ainsi.

Pour M. Personne, l'oxygène ne serait point nécessaire à la décomposition du chloral.

Du reste, on constate non-seulement (dans les chloroformes altérés par la lumière) des vapeurs jaunâtres, mais aussi 'un produit jaune solide, formé probablement par une condensation des éléments en réaction. De tout ceci il résulte clairement que la question demande encore quelques recherches.

L'addition d'alcool a été conseillée pour donner au chloroforme de la stabilité. Ce fait s'explique par la formation d'un alcoolate de chloral qui résiste à l'action lumineuse.

Si l'oxygène n'intervient pas dans cette décomposition, la question des altérations du chloroforme doit trouver place, non ici, mais dans la seconde partie de ce travail.

Quoi qu'il en soit donc de cette action photochimique, nous avons cherché à établir le rôle de chacune des radiations.

(1) Union pharmaceutiq. 1868, p. 111.

Les résultats ont été les suivants : En hiver, à l'obscurité, et dans le rouge diffus, même en plusieurs mois, aucune altération ne s'est produite ; mais, dans des tubes exposés aux radiations bleues et violettes, il s'est formé un cercle jaunâtre très marqué à la limite du liquide.

L'eau n'est donc pas nécessaire pour que la décomposition s'accomplisse, mais elle la facilite ; car, tandis qu'avec du choroforme contenant du chloral les rayons rouges n'agissent point, avec le chloroforme contenant de l'hydrate de chloral la dissociation s'effectue.

Un chloroforme impur aura donc une stabilité moindre si on le reçoit dans un flacon imparfaitement sec. Comme conséquence, le pharmacien devra préparer son chloroforme ou le purifier d'une façon telle, qu'il ne puisse y rester de chloral.

Un autre médicament, l'*iodure d'éthyle* (éther éthyl-iodhydrique) présente un certain intérêt. On sait en effet que ce liquide se colore avec une grande rapidité, surtout à la lumière.

Quelques recherches que nous avons pu faire nous permettent de dire que l'iodure d'éthyle est décomposé surtout en présence d'air : quand l'air et la lumière agissent, la décomposition est maxima. Ce liquide, conservé dans des tubes scellés, vides d'air et exposés à la lumière blanche, s'y colore, mais bien moins que dans des tubes semblables contenant de l'air. La radiation violette est celle qui agit le plus activement ; la radiation bleue agit de même, mais actuellement nous ignorons encore si la décomposition se produirait dans le rouge ; si, à la lumière blanche ou dans les radiations les plus réfrangibles, la décomposition, même en l'absence de l'air, serait complète, et ce qui se forme pendant cette dissociation. Toutes ces questions présentent non-seulement une grande importance pratique, mais une importance théorique au moins égale, car elles montreraient si ce corps se conduit à la lumière comme le gaz iodhydrique, ou si l'iode s'y comporte d'une façon différente.

Les *alcaloïdes* doivent éprouver aussi les effets de la lumière ; malheureusement, les faits précis nous manquent ; nous savons bien, par exemple, que la *nicotine* brunit au contact de l'air et que cette coloration se développe surtout à la lumière. Mais quelles sont les radiations qui déterminent cette altération ? Agissent-elles toutes ? Quelle part revient à chacun ? Autant de questions auxquelles on ne peut répondre aujourd'hui et que l'on pourra probablement trancher dans un avenir prochain.

Il nous a cependant été donné d'étudier l'action des radiations sur un alcaloïde, l'*ergotinine* (1), retiré par M. Tanret du seigle ergoté. C'est un corps blanc, très bien cristallisé, insoluble dans l'eau, soluble dans l'alcool, l'éther, le chloroforme, et s'altérant très rapidement sous l'influence lumineuse. M. Tanret a remarqué que les solutions alcooliques sont fluorescentes (cette fluorescence

(1) L'Ergotinine contient 9 o/o d'Azote. Voir Tanret, *Comp. rendus,* 8 avril 1878.

rappelle faiblement celle du sulfate de quinine), qu'elles se colorent sous l'influence de la lumière comme la substance elle-même, et que cette coloration est accompagnée d'une oxydation.

Il nous a été possible d'étudier la part de chaque radiation, ou au moins des radiations extrêmes, dans l'action chimique constatée par M. Tanret.

De l'ergotinine a donc été conservée sous un verre rouge monochromatique : l'ergotinine solide ne s'est point colorée ; une solution alcoolique faite au mois de septembre n'a pris une teinte jaune faible qu'à la fin de novembre.

Sous des écrans qui laissent arriver les radiations bleues et violettes, l'ergotinine se colore aussi bien cristallisée qu'en solution ; en 24 heures à la lumière diffuse les solutions alcooliques prennent une teinte jaune qui se modifie peu à peu et qui, en attendant assez longtemps, devient tout à fait verte; de plus, il se dépose une petite quantité d'un produit vert bleuâtre insoluble.

Comme la coloration s'accompagne d'une oxydation, il en résulte que l'oxydation est faible dans le rouge, tandis qu'elle est très active dans la région violette.

Restait à analyser la fluorescence de ces solutions ; c'est ce qui a été fait en appliquant la méthode de Stokes; mais, comme l'effet produit est faible, il est difficile de déterminer exactement les radiations transformées et rendues : cependant, on peut constater la transformation des rayons bleus et violets en radiations vertes.

Quand, par suite de l'oxydation, les solutions alcooliques sont devenues vertes, examinées au spectroscope elles ne présentent point de bandes du rouge au vert, mais la presque totalité du bleu et du violet est interceptée.

C'est donc ici les radiations qu'on supposait restituées intégralement qui produisent une action chimique.

Le *coton-poudre*, dans certaines conditions, se décompose spontanément; cette décomposition se constate avec du coton conservé dans l'obscurité, mais elle se manifeste surtout sous l'influence de la lumière. Selon Payen, il se conserve dans le vide, et sa décomposition spontanée peut dépendre de l'hétérogénéité de la fibre primitive et de la présence de corps plus ou moins rapprochés par leur composition de la fibre du bois (1). En tous cas, on évite facilement ces altérations du fulmicoton en le lavant avec le plus grand soin lors de la préparation.

De Luca a trouvé dans la masse gommeuse produite par l'altération du fulmicoton des acides oxalique et formique et un acide spécial (2).

Nous dirons encore quelques mots d'un dernier corps qu'il faut ranger parmi les médicaments chimiques, car c'est un corps à formule définie. Cette substance est le *sucre* : en solution aqueuse, conservé en tube scellé à l'abri de l'air et de la lumière, il n'est point altéré ; à la lumière, au contraire, il

(1) Payen, *Comp. rend.*, t. LIX, p. 415.
(2) De Luca, *Comp. rend.*, t. LIX, p. 487.

passe peu à peu à l'état de glucose (1). M. Kreusler n'a pu constater les mêmes faits; dans ses expériences, il ne s'est produit de glucose que lorsque
l'air n'avait pas été complètement expulsé des tubes
scellés (2).

En ne considérant que l'action de l'air, sans se
préoccuper de celle de la lumière, on a constaté
que, lorsqu'on faisait passer un courant d'air sec
sur du sucre ou qu'on l'abandonnait pendant longtemps sur le mercure avec de l'air ou de l'oxygène,
il se produisait de l'acide carbonique et de l'eau.
L'air ozonisé (par le phosphore) exerce une action
quatre fois plus énergique que celle de l'air ou de
l'oxygène (3).

On voit, d'après ces quelques lignes, combien il
serait intéressant et utile de faire des recherches sur
l'action simultanée de l'air et de la lumière sur la
saccharose.

III. Action sur un mélange de sels et de
matière organique.

La lumière frappant un mélange de corps organiques et inorganiques agit sur chacun d'eux séparément; l'effet produit est la somme des deux
effets, et peut être représentée par la superposition
des deux courbes applicables aux corps minéraux
et organiques. Or, on constate que l'effet produit

(1) Raoult, *An. de ch. et phy.* (4), t. XXIII, p. 291,
(2) Kreusler, *Deut. chem. Gesellsc.* t. VIII. p. 93.
(3) H. Karsten, *Répert. de chimie pure*, t. II p. 237.

est toujours dans le sens indiqué par la superposition des courbes, mais il est plus intense et plus
rapide.

La cause de la rapidité d'action est facile à
saisir, car la lumière sépare d'un des deux corps,
du corps métallique, ce qu'elle fixe sur l'autre, c'est-
à-dire sur le composé organique. Il y a cependant
encore quelque chose de plus à remarquer. On
peut avoir un composé qui seul soit inaltérable à
la lumière, un chromate alcalin, par exemple ; l'action de la lumière jusqu'à la limite du vert et du
jaune en partant du violet est de tendre à réduire
ce composé ; mais la réaction opposée par le
chromate est supérieure à l'action lumineuse,
puisqu'il ne se passe rien : une matière organique
se trouve-t-elle en présence, la lumière l'oxyde,
et l'oxydation a lieu aux dépens de l'oxygène du
chromate. C'est ce qu'on peut constater avec un
mélange de chromate de potasse et de gomme
pulvérisée. Il verdit à la lumière blanche en
quelques jours. Mais toutes les radiations ne sont
point aptes à produire ce résultat. Ainsi, les rouges
et jaunes, n'ayant point tendance à réduire les
chromates, et ayant une action oxydante probablement nulle sur la gomme en poudre, ce mélange
restera longtemps inaltéré dans ces radiations.

Mais il n'en est point toujours ainsi ; si la matière organique a une grande tendance à s'oxyder
dans le jaune et le rouge, elle réduira le corps
minéral.

On pourra donc, grâce aux matières organiques,

faire agir certaines radiations sur les corps métalliques qui restent inaltérés dans ces lumières quand
ils sont seuls.

C'est grâce aux poussières organiques qui tombent sur certains sels quand on débouche fréquemment les flacons que ces sels présentent la
propriété de se réduire à la lumière. Nous avons
cité les chromates alcalins, il faut ajouter l'*azotate
d'argent*, le *permanganate de potasse*, etc. Exempts
de poussières, ces corps sont absolument inaltérables, et la solution de *permanganate de potasse*
se conserverait indéfiniment si l'eau distillée
était exempte de corps organiques. L'*iodure de
plomb* lui-même résiste bien à l'action lumineuse
quand il est absolument pur, mais il contracte
par son exposition à la lumière une plus grande
facilité pour se décomposer lorsqu'on y ajoutera un
corps organique. Suivant W. Schmidt, la lumière
l'attaquerait en présence de l'air, s'il est humide,
avec formation de carbonate et de peroxyde de
plomb.

La réduction photo-chimique de ce sel est
facilement constatée par la coloration bleue qu'il
produit avec l'amidon (1).

On a tenté d'utiliser cette tendance des corps
carbonés à réduire les sels métalliques dans certaines préparations ferrugineuses. On a conseillé,
par exemple, d'englober le *sulfate ferreux* dans un
épais mucilage de gomme qui, après évaporation,

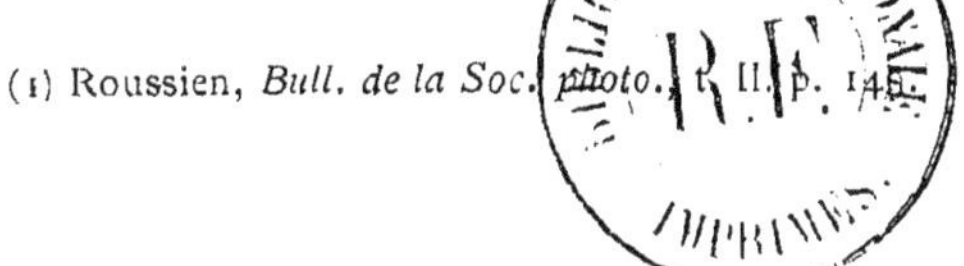

(1) Roussien, *Bull. de la Soc. photo.* t. II, p. 145.

laisse des lamelles transparentes qui seraient inaltérables (1). Le même conseil a été donné pour l'*iodure ferreux* (2). Enfin, on a fait ajouter à la solution d'iodure de fer un peu d'acide tartrique et de mellite simple : le glucose empêcherait alors la fixation de l'oxygène sur le fer, surtout en présence de l'acide tartrique (3).

Le sirop d'iodure de fer ne se colore pas lorsqu'on le place dans un endroit très éclairé ; s'il est coloré, il s'y décolore (4) ; on a même dit de le placer dans des bouteilles de verre blanc et au soleil (5).

En suivant ces procédés, évite-t-on l'altération du médicament ? On lui conserve sa couleur évidemment, mais l'oxygène doit se porter alors sur la matière organique et la modifier, le sel de fer doit jouer le rôle de véhicule à oxygène, c'est-à-dire s'oxyder d'abord et être réduit après par la matière organique.

Un autre médicament contenant du fer doit attirer l'attention, c'est la *teinture de Bestuchef* : ce qui a été dit à ce sujet est tellement connu, que nous considérons comme inutile de le rappeler (6), d'autant plus que nous ne saurions établir la part de chaque radiation dans le phénomène, mais nous

(1) Parvesi, *Jour. de pharmacie*, fév. 1866.
(2) Paroli, *Bullet. de Thérapeut.*, 1866.
(3) Jeannel, *Mém. de médec. et phar. militaires.*, mars 1868.
(4) H. Holloway, *Phar. Jour.*, déc. 1868.
(5) Cartheige, *Jour. de phar.*, juillet 1869.
(6) Voir, Guibourt, *Pharmacopée raisonnée*, 1834, t. II. p 91.
Soubeiran, 1875, t. II. p. 604.

pouvons donner l'action de la lumière sur une solution éthérée de perchlorure de fer.

Cette solution, mise dans trois tubes, est placée dans le violet, le rouge et l'obscurité (mois de mars). Au bout de douze jours, la décoloration est surtout sensible avec la solution conservée dans le violet ; c'est en effet la lumière violette qui a le plus de tendance à réduire un sel ferrique ; c'est elle aussi qui oxyde le plus la matière organique. Quatre jours plus tard, la décoloration est encore mieux marquée dans le violet ; dans l'obscurité et le rouge, il y a précipitation d'une très petite quantité de sesquioxyde de fer, contenant du chlore et qu'on peut qualifier d'oxychlorure ferrique. Enfin, après dix-huit jours, la solution de perchlorure placée dans le violet est décolorée complètement ; il n'y a aucun précipité de sesquioxyde, et le tube est tapissé d'un grand nombre de petits cristaux de chlorure ferreux. En attendant davantage, nous avons constaté une faible décoloration dans le jaune et le rouge, mais en même temps, il y avait, comme on l'a déjà dit, précipitation d'une petite quantité de sesquioxyde de fer.

Le rôle de l'oxygène est à peu près nul, dans la dernière réaction dont nous venons de parler, puisqu'il ne semble sensible que dans le rouge et le jaune. On placera encore ici quelques faits photochimiques constatés avec les *sels de mercure*, faits qui se passent en présence de l'air, mais dans lesquels l'oxygène n'intervient pas nettement. Du *calomel* exposé à la lumière devient jaune, puis gris par suite d'une décomposition partielle en mercure et sublimé. Le chlorhydrate d'ammoniaque a tendance à former du sublimé avec le calomel, mais l'air est nécessaire, d'après Soubeiran.

L'action de la lumière a été utilisée pour préparer du calomel ; on la fait agir sur un mélange d'acide oxalique et de sublimé (1), mais ce procédé donne de mauvais résultats, et a été justement abandonné.

La solution de *sublimé* laisse déposer, a-t-on dit, à la longue, du chlorure mercureux. Le fait a été constaté, mais il aurait été curieux de savoir si l'eau distillée employée ne contenait pas de poussières organiques capables de déterminer ce résultat. En tous cas, il existe un médicament contenant, avec du sublimé en solution, une substance organique, c'est la liqueur de Van Swieten ; cette préparation, surtout à la lumière, laisse déposer un précipité de chlorure mercureux.

Il est facile de s'en convaincre en l'isolant, le laissant déposer, le lavant à l'eau distillée et l'arrosant de quelques gouttes d'ammoniaque. Cette même action réductrice peut être exercée par l'acide aux dépens de l'oxygène de la base ; c'est ainsi que noircissent l'*acétate* et le *tartrate mercureux*.

Citons encore quelques faits parmi les plus saillants :

A la lumière, le *ferrocyanure de potassium* devient bleu ; ce fait est dû à la fixation de l'oxygène de l'air sur l'acide ferrocyanhydrique, d'où résulte

____

(1) Uloth, *Year. Book of phar.*, 1871. p. 185.

de l'acide cyanhydrique et du bleu de Prusse ; cette action est presque nulle dans l'obscurité, sensible dans le rouge et le jaune, et très marquée dans le violet (1).

Le ferrocyanure se conserve très bien dans l'obscurité, mais il forme à la lumière, surtout dans le bleu-violet, du ferrocyanure de potassium sur lequel la réaction précédente s'exerce (2). Il se conduit comme un mélange de corps métallique et organique. Le seul moyen de conserver les solutions de ferro- et de ferri-cyanure exemptes de toute modification est donc de les placer dans l'obscurité absolue, pour ne les en sortir qu'au moment de l'emploi.

Avant de terminer, rappelons une idée qui doit dominer tout fait et toute théorie photochimique.

La lumière n'agit qu'à la condition d'être absorbée. Les radiations absorbées agissent très probablement en communiquant aux molécules des corps un mouvement spécial ; de là résulteraient les actions chimiques déterminées par la lumière. La photochimie est donc l'étude de la transformation de la force vive des radiations en effets chimiques. Mais, l'absorption de certaines radiations n'ayant point lieu, des rayons donnés, quel que soit leur activité propre, n'agiront pont ; aussi les rayons violets, qui révèlent un maximun d'effet avec les corps organiques, peuvent ne pas agir sur ces substances, alors que les rouges, dont l'activité chimi-

(1) Chastaing, *Thèse de l'Ecole de Pharm.*, p. 48.
(2) *An. de ch. et de phy.* (5, t. XI, p. 203 à 206.

que est beaucoup plus faible, manifesteront leur action. Il suffit que les rouges soient absorbés et que les violets ne le soient pas ; c'est ce qui se passe avec l'*iodure d'amidon*, qui, en suspension dans l'eau, est décoloré par les rayons verts, jaunes et rouges.

L'action du violet est nulle ; cette radiation n'étant point absorbée, elle ne peut effectuer un travail chimique.

L'ensemble de faits cités suffit-il pour donner une idée exacte de l'importance des actions photochimiques ? Nous le croyons ; mais ce travail est loin d'être complet ; bien des exemples pourraient peut-être encore être rapportés ici, mais nous sommes forcés de reconnaître qu'ils ne présentent point la simplicité désirable pour éclairer notre sujet.

Posons-nous, par exemple, la question suivante : La lumière agit-elle sur les *alcoolés acides, eau de Rabel*, etc...? sur la *teinture d'iode* ? Pour cette dernière liqueur, nous avons quelques observations à relever. Commaille (1) a trouvé que l'altération était 2 à la lumière, tandis qu'elle était 1 à l'obscurité ; dans un cas, il trouvait 0,026 HI formé dans l'obscurité, 0,028 dans le rouge et 0,035 dans la lumière blanche. Toutes ces questions demandent des recherches nouvelles. Nous avons avancé dans ce travail une théorie des actions photochimiques ; si nous l'avons produite, c'est qu'elle s'accorde avec les faits, c'est que nous la croyons vraie et que

---

(1) Commaille, *Jour. de phar. et de ch.*, t. 35, p. 409.

nous comptons sur l'avenir pour la confirmer ; en tous cas, nous avons constaté des faits qui, eux, sont au-dessus de toute théorie. Comme c'est contre ces faits d'altération des médicaments que le pharmacien doit lutter, nous allons chercher s'il est possible de supprimer ces action photochimiques, ou, dans le cas contraire, les réduire à un minimum.

CONCLUSION

De l'ensemble de cette étude découle clairement la nécessité pour le pharmacien de préserver les médicaments de l'action de l'air et de la lumière : reste a établir les moyens à employer.

Ces moyens de préservation doivent viser : 1° l'action de l'air ; 2° l'action de la lumière ; 3° leur action simultanée.

I. Il faut avouer en toute franchise qu'il est bien difficile, sinon impossible, d'empêcher l'air d'agir sur les médicaments. Nous avons constaté les faits, parfois nous avons indiqué le remède, mais nous ne pouvons donner de procédé général. Tout ce que nous pouvons faire est de répéter ce qui a été dit déjà (1).

Nous croyons donc inutile de le faire, mais nous pouvons présenter la question sous un jour tout à fait différent.

Nous réussissons, en effet, en variant les conditions d'éclairement des substances, à diminuer fréquemment l'oxydation des 3/5, ce qui est déjà

(1) Lecanu, t. 2. p. 591 à 595.

beaucoup ; et comme la lumière agit sur presque tous les corps d'une façon plus ou moins marquée, le choix bien fait d'un flacon d'une couleur déterminée devient le moyen le meilleur à employer contre l'oxygène de l'air. Nous établirons qu'il en est ainsi (III).

Heureusement, il est possible d'opposer à la lumière des moyens capables d'arrêter son action, ce qui doit sembler singulier de prime abord, car nous luttons facilement contre un agent impondérable, tandis que nous n'arrivons point à un résultat aussi satisfaisant dans notre lutte contre l'air, agent pondérable.

II. Il est facile de poser des règles pour conserver inaltérées les substances que modifie la lumière sans que l'air intervienne dans le phénomène.

Il suffit, en effet, dans ce cas, de remarquer que les actions photochimiques les plus manifestes (état allotropique, dédoublement, isomérie, coloration sans oxydation) sont déterminées par les rayons les plus réfrangibles. Une règle générale se pose alors d'elle-même : c'est de préserver ces corps de l'atteinte des rayons bleus et violets.

On arrive à ce résultat avec des flacons jaunes et rouges.

III. Reste à considérer les substances attaquées par l'oxygène de l'air en même temps que la lumière agit sur elles, et il faut reconnaître que c'est le cas du plus grand nombre. Dans ces conditions, il est possible, non d'éviter toute altération, mais de la réduire à un minimum.

Faisons d'abord l'historique de la question, c'est à-dire voyons ce qui a été fait; nous déterminerons ensuite les moyens, qui, avec nos connaissances actuelles, semblent les plus propres à atteindre le but désiré.

Quand on eut compris combien, au point de vue pharmaceutique, il était important d'empêcher les effets de la lumière sur les médicaments, on conseilla de les placer dans un endroit obscur ou même dans l'obscurité : cette dernière conclusion, la plus simple de toutes, n'étant cependant point applicable d'une façon absolue; il fallut faire choix d'enveloppe d'une couleur spéciale, et on employa d'abord les flacons bleus.

Il faut remarquer que ces enveloppes ne donnent point du bleu pur; mais, en somme, la lumière qu'elles tamisent agit approximativement, comme les rayons bleus et violets.

Peu à peu, les connaissances devenant plus précises, on remarqua que la partie la plus réfrangible du spectre était la plus active et on abandonna les flacons bleus.

Les radiations rouges et jaunes étant considérées comme chimiquement inactives, après les travaux de MM. Bussy et Buignet, on s'arrêta au choix du verre jaune. On aurait pu prendre des flacons rouges, mais on a craint avec ces derniers des variations plus brusques de température. Or, avec cet abaissement plus rapide de température, l'air contenu dans le flacon peut, dans certaines circonstances, se trouver plus facilement saturé, d'où résulterait un dépôt d'humidité qui amènerait ensuite l'altération de la substance.

En comparant entre eux les différents effets produits par la lumière et en cherchant à grouper les faits, on arrive aux lois suivantes :

1° L'action chimique du spectre sur les composés métalliques et métalloïdiques est réductrice du violet au vert, oxydante du jaune au rouge.

2° Dans la lumière blanche, l'action des rayons les plus réfrangibles domine.

3° Dans le cas des corps organiques, toutes les radiations oxydent ou tendent à oxyder.

4° Si l'oxydation d'un corps peut être représentée par 1 dans l'obscurité, ordinairement elle est 2 dans le jaune-rouge, 3 et plus dans le bleu-violet.

5° Étant donné un mélange de sels métalliques et de corps organiques, la lumière agit séparément sur les deux corps. L'effet produit répond à la somme des actions exercées sur l'un et sur l'autre, et le corps organique s'empare, non de l'oxygène de l'air, mais de l'oxygène ou de l'élément électro-négatif du sel.

Ces règles suffisent pour déterminer le choix des enveloppes à employer et établissent immédiatement qu'il n'y a pas, à proprement parler, de flacons d'une même couleur à choisir pour les substances minérales ; un oxyde réductible, l'oxyde jaune de mercure, se conservera très bien dans un flacon rouge; il en sera de même d'un hypochlorite, tandis qu'une solution d'hydrogène sulfuré en présence d'air, un sulfure, se détruiront plus rapidement dans ces mêmes radiations et qu'un sel ferreux s'y oxydera plus vite que dans l'obscurité. Mais ces derniers corps se conserveront mieux dans le violet.

On placera donc : 1° les corps métalliques riches en oxygène, ayant tendance à se réduire ou se réduisant, dans des flacons rouges ou jaune foncé ; 2° les corps métalliques ayant tendance à s'oxyder, dans des flacons bleus ou violets.

Ce que nous avons constaté avec les corps organiques (essence de térébenthine, de citron, aldéhyde, essence d'amandes amères, de cannelle, phénol impur, éther, huiles (1), ferri et ferro-cyanure de potassium, acide cyanhydrique, chloroforme chloralé, etc.) indique qu'en toute circonstance, il faut employer des flacons jaunes, peut-être même des rouges ; mais de nouvelles recherches seraient nécessaires avant de s'arrêter au choix de cette dernière couleur, car, en diminuant un peu l'altération photo-chimique, on risquerait d'apporter une autre cause modificatrice. On placera donc les substances organiques dans des flacons jaunes, et, quand il sera possible, dans l'obscurité.

Enfin, en se plaçant au point de vue purement théorique, il est bien plus facile d'établir une règle. Il suffit d'admettre que toute action photochimique répond à une transformation de force vive, et cette transformation n'est possible que s'il y a absorp-

(1) Cloëz, *Comp. Rend.* t. LXI, p. 321 et 918.

tion ; de cette simple considération découle immédiatement, comme conséquence, pour les médicaments chimiques, le fait constaté par Herschel, en étudiant l'action de la lumière sur les couleurs végétales : « Une substance organique est altérée par les rayons de couleur complémentaire à la sienne » ; car, en effet, ces rayons sont absorbés. Si, au contraire, on éclaire une substance avec un rayon ou un ensemble de rayons semblables à ceux diffusés par elle, ces rayons, quelle que soit leur intensité et leur activité propres, n'étant point absorbés, l'action photochimique serait nulle, c'est-à-dire égale à l'action chimique qui pourrait se produire dans l'obscurité à la même température. Le meilleur moyen de conserver les substances organiques consisterait donc à les placer dans l'obscurité, ou, ce qui revient au même, dans des flacons de la couleur de la substance ; mais, je le répète, c'est là une conclusion purement théorique et très difficilement réalisable.

Les flacons jaunes sont, pour les substances organiques, des agents de protection réelle, surtout s'ils sont d'un jaune foncé, car l'action oxydante à la lumière blanche est égale à la somme des actions exercées par le bleu-violet et le jaune-rouge (nous négligeons de parler du vert, qui est transmis par deux espèces de verres colorés), c'est-à-dire égale à 5 ou un peu plus. Sous un verre jaune, elle devient environ 2, c'est-à-dire qu'elle est diminuée des 3/5. Nous n'arrivons donc point, avec les écrans colorés, à supprimer l'action de la lumière sur les corps organiques, mais nous croyons avoir déterminé nettement les conditions où cette altération est minima.

Il faut néanmoins avouer qu'il existe un certain nombre de substances sur lesquelles nous ignorons si la lumière agit, et qu'il en existe pour lesquelles nous ne pouvons faire à chaque radiation la part qui lui revient alors que la lumière manifeste son action. Nous conseillons donc au pharmacien d'avoir recours à l'éxpérience pour résoudre cet utile problème. En ayant recours à l'expérimentation, nous ne ferons qu'imiter nos anciens maîtres en pharmacie, qui, par ce procédé simple mais fécond, ont créé la chimie moderne.

Terminons en indiquant les conditions dans lesquelles on placera de préférence certains corps.

Il faut placer.

Dans l'obscurité :

Le phosphore (et les préparations où l'on cherche à le conserver en nature).

La solution de chlore (on peut la conserver dans un flacon rouge monochromatique).

L'iodure d'éthyle (au moins jusqu'à ce qu'on sache exactement l'effet de chaque radiation sur cette substance).

Le chloroforme (mais s'il est exempt de chloral la précaution est inutile).

Dans le violet : Les corps métalliques ou métalloïdiques, qui tendent à fixer de l'oxygène, et

en général les sels au minimum qui tendent à
passer au maximum. Tels sont :

La solution d'hydrogène sulfuré   L'arsenic.

Le monosulfure de sodium   ⎱   Les solutions d'arsénites
    »   potassium   ⎰ et leurs solutions.   alcalins.
La polysulfure de sodium   L'iodure ferreux.
    »   potassium   Le sulfate ferreux.
    »   calcium   Le sulfate de fer et d'am ·
               moniaque.
               Les sels de fer au mini-
               mum.

Les sulfures (en général).
Le persulfure de fer hydraté.

Dans le jaune : Les corps qui à la lumière tendent à se réduire (aussi bien que ceux dans lesquels il se forme un sel plus oxydé aux dépens
d'une autre partie du sel qui perd de l'oxygène).
Tels sont :

Les sels au maximum en général, et tous les sels
riches en oxygène.

Acide azotique.   Calomel.
   »   chromique.   Iodure mercurique.
Chromates.   »   mercureux.
Gaz sulfureux.   Permang. de potass.
Minium.   S. n. de bismuth.
Oxyde mercurique.   Azotate d'argent, etc.

On prendra les mêmes flacons pour les corps
organiques.

Cette indication est tout à fait générale, et semble
surtout nécessaire pour les suivants :

Morphine, et ses sels, sur-   Quinine   ⎱
     tout l'acétate.   Cinchonine ⎰ et leurs sels.

Esérine.
Ergotinine.
Alcaloïdes en général.
Erythro-centaurine.
Santonine.
Teinture de bestuchef.
Acide cyanhydrique.
Phénol.
Ferrocyanure de potassium.
Ferricyanure   id. »

Ether.
Chloroforme.
Essence de térébenthine.
     »   citron.
     »   romarin.
Essences en général.
Acide salicylique.
Salicylate.
Fulmicoton, etc.

BIBLIOGRAPHIE

Liste des principaux Mémoires ou Notes publiées touchant l'action de l'air et de la lumière sur les médicaments chimiques.

ACTION DE L'AIR

I. *Oxygène, Eau, Acide carbonique.*

E. Baudrimont. Emploi du papier d'étain. *Jour. de phar.*, mai 1870. — Act. de l'eau sur le chlorure d'antimoine, *Comp. rend.*, t. 42, p. 863.

Béchamp. Sur le sucre. *Comp. rend.*, t. 40, p. 436, *An.* (3), 1858, t. 54, p. 28.

Bellani. Oxydation du phosphore. *Bull. de phar.*, t. 5, p. 489.

Berthelot. Action de l'oxygène sur les iodures. Combinaison du calcium avec l'oxygène et l'iode, etc. *Rev. scient.*, 18 mai 1878, p. 1091-1093. — Sur l'Essence de térébenthine, *An. de ch. et phy.* (3), t. 58, p. 426. *An.* (4), p. 165; *An.* (3), t. 61, p. 462. — Ess. de térébent. et Eau. *Jour. de ph.*, t. 29, p. 28; influence de la pression dans les combustions. *Bull de la Soc. chi.*, 1870, t. 13, p. 99. — Carbures térébenthéniques. *Leçons professées à la Soc. ch.*, 1863.

Berzélius. Act. de l'air sur le borate de soude neutre. *Pogg. an.*, t. 34, p. 566.

Bineau. Monosulfure d'ammonium à l'air. *An.*, t. 70, p. 261.

Bixio. Altér. d'une solut. faible d'ac. oxalique. *Bull. de la Soc. ch.*, t. 13, p. 429.

Boissenot et Persoz. Ess. de térébent. *An.*, (3), t. 31, p. 442.

Boissenot. Ess. de citron. *Jour. de phar.*, t. 15, p. 324. — Ess. de térébent. *Jour. de phar.*, t. 12 p. 214.

Boudault. Etude sur les principaux réactifs oxydants. *Thèse*, 1845. (Extrait, *Jour. de phar.* (3), t. 7, p. 434.)

Boullay (P). Sur une combustion spontanée du cobalt. *Jour. de phar.*, t. 13, p. 433.

Boullay et Bouchardat. Oxyg. nais. sur alcaloïdes. *Jour. de phar.* (3), t. 4, p. 27.

Brugnatelli. Mat. crist. dans Es. térébent. *Bull. de phar.*, t. 5, p. 24.

Buchloz. Tart. de pot. et d'anti. *arch. v. Brand.* (2), t. 2, p. 232.

Bunsen. Influence de la pression dans les combustions. *Pogg. an.*, t. 131, p. 161. — *An. de ch. et de phy.* (4), t. 24, p. 451.

Classen. Sucre. *Jour. für prak. chem.*, t. 103, p. 449.

Darconville (Mme). Essai sur la putréfaction.

Debray. Cristaux hydratés. *Comp rend.*, t. 56, p. 194.

Debray. Voir aussi, pour l'acide sulfurique, *Cours élém. de chimie*, 1870. t. 1, p. 210.

Deville. Act. de l'eau et de l'air sur la magnésie. *Comp. rend.*, t. 61, p. 975. — Ess. de Tolu. *An.* (3), t. 3, p. 152.

Dupasquier. Iodure de fer (conservat. de la solut.) *Jour. de phar.* (3), t. 11, p. 224.

Fallierès. Arséniate de pot. et de soude. *Bull. de la Soc. phar.* Bordeaux, 1869.

Frankland. Influence de la pression sur les combust. et oxyd. *Phil. Trans.*, 1862.

Frésénius. Sel de Seignette et air sec. *An. de ch. et phy.*, t. 53, p. 234.

Gay-Lussac. Oxy. de l'éther. *An.*, t. 2, p. 98.

Gerhardt. Sol. de tannin. *Traité de ch.*, t. 3, p. 846-852.

— Oxy. de l'ess. de téréb. et de sels isomères, t. 3, p. 619.
— Oxy. et air atmosphérique, t. 4. p. 813.

GERNEZ. Act. d'un courant d'air sur une solut. de bi-carb. de potasse. *Comp. rend.*, t. 64, p. 606. — Sulf. de soude effleuri. *Comp. rend.*, t. 78, p. 194, 283, 498.

GORUP-BESANEZ. Ozone sur tannin en sol. *An. de ch. et de phy.*, t. 110, p. 106. — Sucre en présence de carb. de soude. *Bull. de la Soc. chim.*, t. 5, p. 420.

GRAHAM. Efflor. du sulfate de cuivre. *Phil. Mag.*, t. 6, p. 419.

GUIBOURT. Act. de l'oxy. sur solut. d'iod. d'arse. *Jour. de phar.*, t. 14. — Pharm. raisonnée (1834), t. 2, p. 648. — Ether (oxy. de l') t. 2, p. 473.

HECHT. Décomp. spont. du bi-carb. de pot. *Bull. de phar.*, t. 2, p. 276.

HENRY. Act. de CO^2 sur les hydro-sulfates. *Jour de phar.*, t. 9, p. 321.

HOUZEAU. Ozone. *An.* (3), t. 67, t. 52 p. 164 (4), t. 14.

JACQUELAIN. Dissociation (faits de). *An.* (3), t. 32, p. 205, 207.

JEANNEL. Iod. de fer. (conserv. de la sol.) *Mém. de méd. et de phar. milit.*, mars 1868.

KARSTEN. Sucre (air ozonisé sur). *Répert. de chim. pure.*, t. 2, p. 237. — Oxy. sec. sur mat. organ. *Jour de phar.* (3), t. 27, p. 464.

KINGZETT. Ess. de téréb. *Jour. of the chem. soc.*, juin 1874 et mars 1875.

KUHLMANN. Act. de l'ess. de téréb. aérée sur la solut. de SO^2. *Comp. rend.*, t. 41, p. 470, 538.

LAROCQUE. Ferment du tannin. *J. de phar.* (3), t. 27, p. 197.

LASSONNE. Tart. de pot. et d'amm. *Chem. Jour. v. Crell.*, t. 5, p. 76.

LAURENT. Es. de téré. *Rev. scient.*, t. 10, p. 126.

LAVOISIER. Influ. de la pression dans les phén. d'oxyd. *Œuvres*, 1864, t. 1, p. 653.

LECANU. Essences. *Traité de pharm.*, t. 1, p. 258. — Oxydat. des sulfures, t. 2, p. 131, 134, 136. — Perchlorure de fer (altér. du), t. 2, p. 164. — Iod. de potas. (altér. par l'oxyg.), t. 2, p. 193. — Sulf. de cuivre amm., t. 2, p. 253. — Cyanure de pot., p. 399. — Conicine, p. 436. — Act. de l'air sur la médic., t. 2, p. 591 à 596.

Lecoq de Boisbaudran. Act. de l'air à différ. températ. sur les cristaux hydratés. *An.* (4), t. 18, p. 246.

Lepage. Hydrogène sulfuré, conserv. de la solut. *J. de phar.* (4), Avril, 1867.

Lœwel. Carbonate de soude. Différ. crist. hydra. *An.* (3), t. 33, p. 337, 382.

Marignac. Cristaux hydratés. *Comp. rend.*, t. 45, p. 650.

Matthiessen. Chl. d'apomorphine (oxyd. à l'air du). *Chem. New.*, t. 19, p. 289 et 302. — *Bul. soc. chim.*, 1869, t. 12, p. 484, 485.

Maumené. Sucre (solution). *Comp. rend.*, t. 39, p. 914.

J. Mercein. Bromure de calcium (sur le). *Jour. of phar.*, janvier-mars 1872.

Muck. Sulfate ferreux (act. de l'air sur la solut. de). *Jour. prakt. chem.*, t. 90, p. 103.

Orlowski. Es. téréb. *Berichte*, 1873, p. 1257.

Paroli. Iod. de fer (conserv. de l'). *Bul. de thérap.*, 1866.

Parvesi. Sulf. ferreux (conserv. du). *Jour. de pharm.*, juin 1866.

Pasteur. Tartrates (ferment. de certains). *Comp. rend.*, t. 46, p. 615; t. 51, p. 298; t. 56, p. 416.

Payen. Borax. *An.*, t. 2, p. 322.

Reischauer. Sur les cristal. des solut. sursat. d'acid. de soude. *An. der che. u. phar.*, t. 115, p. 116, juillet 1860; *Repert. de chimie pure*, 1861, p. 66.

Riban. Carb. térében. *An.* (5), t. 6, p. 1, 232, 473.

Robiquet. Tannin (ferment. du). *J. de phar.* (3), t. 23, p. 241.

Th. de Saussure. Obser. sur quelques subst. huileuses. *An.*, t. 13, p. 259 et 357.

Schœnbein. Sur l'iod. de potassium. *J. de phar.* (3), t. 7, p. 369. — Ess. de tér. *Jour. für prak. chem.*, t. 80. p. 257; t. 99, p. 11; t. 100, p. 469; t. 102, p. 145.

Thénard. Oxy. du phosphore. *Traité de chimie*, t. 1, p. 294 ; *des métaux*, p. 336; *des alliages*, p. 614.

Tilden. Sirop iod. de fer (conserv. du). *Pharm. Jour.*, déc. 1867.

Vicaire. De la pression dans les combustions. *An.* (4), t. 19, p. 140.

Virey. Traité de phar., 1823, t. 1, p. 448, 449, 556.

Welborn. Sulf. ferreux (conserv. du). *Pharm. Jour.*, mai 1868.

Wepfen et Kolb. Es. de téréb., *An. des chem. u. ph.*, t. 41, p. 294.

Wertheim. Sur la conicine. *Jour. für prak. chem.*, 1862, t. 86.

Wrigth. Es. de tér. *Jour. of the chem. soc.*, 1873, t. 2.

II. *Poussière de l'air.*

Béchamp. Sucre. *An.* (3), t. 56, p. 28.

Biot. Sur la ferment. du sucre. *An.* (3), t. 4, p. 350.

Bouis. Pluie entraînant des poussières. *Comp. rend.*, t. 56 (1863), p. 972.

Daubrée. *Comp. rend.*, 5 et 12 mai 1877.

Ehrenberg. *Comp. rend. de la Roy. Acad. des sc. de Berlin*, 1860.

Nordenskïold. *Comp. rend.*, 18 août 1873, 26 janvier 1874.

Pasteur. *An.* (3), t. 64 (1862).

Pouchet. Etude sur les corpusc. en susp. dans l'air; voir aussi, 1860, *Comp. rend.*, t. 50, p. 532.

Reinsch. Action des poussières sur les tannat. *Zeit. für chem.*, t. 2, p. 30.

Schœnauer. Corps ferrugineux de l'air. *Bul. mens. de l'observatoire de Montsouris*, 1876, t. 5, p. 11.

Schutzenberger. Les fermentations. (*Bibl. scient. inter.*).

Tissandier. Poussières de l'air (Gauthier-Villars, 1878). Voir aussi, pour les corpuscu. ferrug. *Comp. rend.*, 23 mars 1874; 4 janvier 1875, t. 81, p. 576; 17 juillet 1876, t. 8, p. 242.

Van Tieghem. Ferment. du tannin *Bull. de la Soc. botan. de France*, 1869. *An. des sc. nat.* (5), t. 8, p. 210 et 244.

Weber. Sur le tannate de zinc. *Zeit für chem.*, t. 2, p. 96.

ACTION DE LA LUMIÈRE[1]

Bayard. Act. sur Ag I et mat. organ. *Comp. rend.*, t. 10, p. 337.

Becquerel. Voir le Traité de la Lumière, ses causes et ses effets. — Oxyde de plomb. *Traité de la lumière*, t. 2, p. 54. — Actinomètre. *An.* (3), t. 3o, p. 176, t. 32, p. 192. — Verre bleu de cobalt. *An.* (3), t. 32, p. 192. — Héliochromie. *An.* (3), t. 22, p. 451, t. 25, p. 447. — Act. sur Ag Cl. *Comp. rend.* 1848-1849. *Traité de la lumière*, t. 2, p. 84. — Fluorescence et bandes des sels d'Urane. *An.* (4), t. 27, p. 539. — Mesure des act. photochim. *De la lumière*, t. 2, p. 122. — Act. sur les composés mercuriels, *id.*, t. 2, p. 69-95. — Act. sur les sels de cuivre, p. 97. — Act. sur les sels de chrome. *Comp. rend.* t. 10, p. 469. — Sulfate de quinine (sur le) *An.* (3), t. 42, p. 85.

Berthelot. Act. de la lumière sur la formation des composés qui se produisent avec absorption de chaleur. *An.*, sept. 1869. — Réact. endo- et exothermiques, 1869. *An.*, t. 11.

Berzélius. Santonine (sur la), 1849. *Traité de chi.*, t. 5, p. 495.

Bodin. Cause de la résistance opposée par certains corps à l'action lumineuse. *Les Mondes*, 1863, t. 3, p. 417.

Bouis. Chlore et Cy H. au soleil. *An.* (3), t. 22, p. 446.

Boullay (P.) Altération de Cy H. Acide azulmique. — *J. de pharm.*, t. 16, p. 182. Voir aussi : *Jour de phar.* t. 9, p. 377. *An. der Chem. u. Phar.*, t. 22, p. 280. — T. 26, p. 63. — *Jour. für prakt. Chem.* t. 31, p. 228, t. 41, p. 61.

Bunsen et Roscoe. Acide chlorhydrique (form. de l'). *Philos. trans*, 1859. *An.* (3), t. 55, p. 352. — Eau chlorée. *Pogg. An.*, t. 96, p. 597, t. 98, p. 3o4. — Mesure d'act. photoch. *An.* (3), t. 37, p. 5oo. — Action du chlore sur la lumière. *An.*, t. 55, p. 352.

---

[1] Certaines notes ont trait uniquement à la théorie des actions photochimiques.

Bussy et Buignet. Acide cyanhydrique. *J. de Ch. et de Phar.*, 1863. *An.* (4), t. 3, p. 232. *Bul. de la Société chimiq.* 1864, t. 1. p. 274.

Carey Lea. Sur l'iodure d'argent. *An. Jour. de Silliman* (2), t. 42, p. 98.

Carles. Quinine. *Thèse pour l'Ec. de phar. de Paris*, 1871.

Cartheige. Sirop iod. de fer (conserv. des) *J. de Phar.*, juil. 1869.

Claudet. Act. photoch. invers. *Comp rend.*, t. 23, p. 679.

Cloez. Huile d'Elœococca. *Répert. de Phar.*, juin 1876, p. 328. *Comp. rend.* (nouv. série), t. 3, p. 635.

Commaille. Teint. d'iode (altér. de la) *J. de Phar.* (3), t. 35, p. 409.

Davanne et Girard. Sur Ag Cl insolé. *Bul de la Soc. chim.*, 1864, t. 1, p. 395.

Desertine, Bestuchef (note sur la teint. de) *Bul. de Phar.* t. 2, p. 276.

Draper. Allotropie du chlore, *J. de Phar.* (3), t. 9, p. 398. — Act. du spectre sur le phosphore. *Bul. de la Soc. Phot.* t. 8, p. 17. — Prop. inverse des ray. rouges. *Phil. Mag.* 1842, et *J. de Phar.* (3), t. 12, p. 152.

Draper. Bleu de prusse et oxal. d'ammo. *Bull. de la Soc. chim.*, t. 7, p. 209.

Perchlorure de fer et ac. oxal. *Phil. mag.*, sept. 1857.

Note sur les act. chim. de la lumière. *J. de Phar.* (3), t. 28, p. 253.

Favre et Silbermann. Ac. chlorhydrique (form. de l'). *An.* (3), t. 37, p. 500.

Fizeau et Foucault. Act. photoch. inverse des rayons rouges. *Com. rend.*, t. 23, p. 679.

Fluckiger. Quinine (modif. de la). *Phar. Jour.*, mai 1878, p. 885. *Répert. de phar.*, août 1878, p. 360.

Fordos et Gélis. Chlorites (Hypochlorites transformés en). *Jour. de Phar.* (3), t. 28, p. 75.

A. Gautier. Sur Cy H. *Ann. de ch. et de Phys.*, 1866.

Gay-Lussac et Thénard. Condit. de la combin. de Cl et de H. *Recher. physico-chim.*, t. 2, p. 128, 186.

GERHARDT. Santonine (sur la). *Traité de chim.*, t. 3, p. 843. Act. de la lumière, *id.*, t. 4, p. 808.

GUIBOURT. Bestuchef (sur la teint. de). *Phar. rais.*, t. 2, p. 91.

HELDT. Santonine (sur la). *Ann. d. chem. u. Phar.*, t. 43, p. 10.

HERSCHEL. Rayons transformés par le sulf. de quinine. *An.* (3), t. 43, p. 85, t. 38, p. 378, 380, 495.

Act. phot. inverse des rayons rouges. *British Assoc.*, 1839.

O. HESSE. Formation de la quinicine par la chaleur. *Ber. der Deut. chem. Gesell.*, 1877. *Ann. Journ.*, juin 1878, p. 299. *Répert. de Phar.*, t. 6, p. 441.

HOLLOWAY. Conserv. du sirop iod. de fer. *Phar. Jour.*, déc. 1868.

HUMBERT. Iodoforme (lumière sur). *J. de Phar.* (3), t. 29, p. 352.

HUNT. Comp. mercuriels (Act. de la lumière sur les). *Phil. Trans.*, 1842, p. 181.

KAISER. Sur AgI. *photo. Arch.*, t. 5, p. 413., t. 6. p. 263.

KOLBE. Hypochlorites transformés en chlorites. *J. de Par.* (4) t. 6, p. 353.

E. KOPP. Phosphore rouge, 1844. *Com. rend.*, t. 18, p. 871.

KOSSMANN. Etude sur la glycérine, la cellulose et la gomme. *Bul. de la Soc. chim.*, 5 oct. 1877, p. 246, etc.

KREUSLER. Sur le sucre. *Deut. chemi. gesell.* t. 8, p. 93.

LASSAIGNE. AgI et nat. organ. *Com. rend.*, t. 8. p. 54.

LECANU. Cy H (sur la décomp. *Traité de phar.*, t. 2. p. 355. — Bestuchef (Teint. de). *Traité de pharm.*, t. 2., p. 165.

G. LEMOINE. Act. de la lumière sur HI gaz et sur sa solution. *An.* (5), t. 12, oct. 1877; — Sur le phosphore. *An.* (4), t. 24, p. 129, t. 27, p. 289.

LEREBOURS. Act. photoch. inverse des ray. rouges. *Com. rend.*, t. 23, p. 634 (28 sept. 1846).

LESCOT. Act. de la lumière sur certains médic *Recueil périod. de médecine*, t. 11, p. 34.

O. Lœw. Solut. de SO³. *Bul. de la Soc. chim.*, t. 14, p. 191.

Marchand. Mesure de l'intens des actions photoch. *An.* (5), 1876.

Méhu. Etude sur l'Erythrocentaurine et la santonine (*Thèse pour le doct. en médec.* Paris, déc. 1865).

Millon et Reiset. Sur la santonine. *Annuaire de Chimie*, 1848, p. 307.

Simon Morelot. Cours élém. de Phar. chim., 1803, t. 1, p. 60.

Morren. Gaz sulfureux (act. de la lumière sur le) *An.* (4), t. 21 (1870); *Com. rend.*, t. 49, p. 699.

Pasteur. Sur le sulfate de quinine. *Com. rend.*, t. 38, p. 110.

Pelouze. Act. de la lumière sur certains verres. *An.* (4), t. 10, p. 194.

A. Petit. Solut. d'acide cyanhydrique. *Bul. de thérap. méd. et chirurg.*, 1873.

Phipson. Sur les sels de molybdène. *Bul. de la Soc. photo.*, t. 9, p. 286.

Radau. Les radiations chimiques du soleil (Gauthier-Villars), 1877.

Radziszewski. Phosphorescence de la lophine. *Bul. de la Soc. chim.*, 5 oct. 77, p. 297; *Deut. chem. Gesell.*, t. 10, p. 70.

Raoult. Sucre (action de la lumière sur le) *An.* (4), t. 23, p. 291.

Reissig. Sur Ag I. *Wien., Acad. Beric.*, 1865.

Richardson. Solut. aq. de cyanogène à la lumière. *An. Der Chem. u. Phar.*, t. 26, p. 63.

Riche. Chlorite (Hypochlorite transformé en) *J. de phar.* (4), t. 6, p. 354.

Rose. Le passage d'un sel à un état isomérique peut dégager de la lumière. *J. de phar..* (3), t. 1, p. 42.

Scheibler. Act. de la lum. sur du sucre interverti. *J. de phar.* (3), t. 44, p. 452.

Scheurer-Kestner. Act. sur azotates basiques de fer. *An.* (3), t. 55, p. 331; t. 57, p. 231; t. 65, p. 110.

Schiff. Prépar. au soleil de paraconicine. *An.*, janvier 1873.

Schrœtter. Modif. du phosphore. *J. de phar.* (3), t. 19, p. 316.

W. Seekamp. Ac. succinique et succ. d'urane. *An. der Chem. u. Phar.*, t. 123, p. 256. *Bull. Soc. chim.*, 1865, t. 4, p. 132.

F. Sestini. Sautonine. *Bull. de la Soc. chimiq.*, 1864, t. 2, p. 21, 1865; t. 3, p. 271; t. 5, p. 202.

Soret. Intensité de la radiat. solaire. *J. de phar.* (4), t. 6, p. 345.

Soubeiran. Bestuchef (teint. de), 1875, t. 2, p. 604.

Stas. So² insolé ou préparé dans l'obscurité. Jahresb., 1867, p. 150.

Stokes. Sulfate de quinine (rayon transformé par le). *An.* (3), t. 38, p. 506.

Talbot. Influence des composés organiques dans les réactions photochimiques. *Phil. Mag.*, t. 14, p. 196.

Thénard. Phosphore, t. 1, p. 233; t. 1, p. 122.

Troost et Hautefeuille. Phosphore. *Comp. rend.*, t. 77, p. 76. *An. sc. de l'Ecole supér.*, 2ᵉ série, t. 2, p. 253.

Tunnermann. Lumière sur ammoniaque et acét. de plomb. *J. de phar.*, t. 4, p. 18.

Tunny. Sur les sels d'urane. *Bull. de la Soc. chimique*, 1865, t. 3, p. 320.

Tyndall. Décomp. photoch. de certaines matières organiques. *Rev. des cours scient.*, 1869, t. 6, p. 242.

Uloth. Tentative d'utilisation de la lumière dans un procédé de préparat. du calomel. *Year. Book of phar.* 1871, p. 185.

Vogel. Act. de la lumière sur quelques corps simples et sur quelques composés chimiques. *J. de phar.*, t. 1, p. 193. — Act. des ray. sol. sur AgO AzO⁵, dissous dans l'eau. *J. de phar.*, t. 15, p. 124.

H. Vogel. Ag Br. et mat. organiq. *Beric. des deut. chem. Gesell.*, t. 6, p. 1302, t. 7, p. 545. *Bul. de la Soc. chim.* 1874, t. 21. n° 5. — Ag Cl *Pogg. ann.*, t. 125, p. 329. — *Bul. de la Soc. chim.* 1869, t. 1, p. 471. — Agl *ibid.* — Photographie et chimie de la lumière (Germer-Baillière). 1876.

De Vrij. Quinidine. *J. de phar.* (3), t. 31, p. 183 et 369.

Vauquelin. Solut. de Cy H. *J. de phar.*, t. 9, p. 496.

Virey. Traité de pharm., t. 2, p. 170, 171.

Wittver. Eau chlorée. *Pogg. ann.*, t. 99, p. 597.

Wœhler. Plombite d'argent. *Pogg. ann.*, t. 41, p. 344.

— Solut. aqu. de Cyanogène. *Pogg. ann.*, t. 15, p. 627.

Zantedeschi e Borlettino. Santonine. *Wien. acad. Berich.* juillet 1856.

ACTION DE L'AIR ET DE LA LUMIÈRE

E. Baudrimont. Phosphore blanc. *Comp. rend.*, nov. 1865.

E. Becquerel. Traité de la lumière, *passim* et t. 2, p. 98.

Burckhardt. Act. sur les tart. mercureux. *Arch. V. Brande.* (2), t. 2. p. 257.

Chastaing. Du rôle de la lumière dans les actions chimiq. et en particulier dans les oxydations. *Thèse de la Faculté des sciences de Paris*, juin 1877. — Etude sur la part de la lumière dans les actions chimiq. *Thèse de l'École sup. de pharmacie de Paris.* Juin 1878.

Chevreul. Recherches sur la teinture, et act. sur les corps colorés. *Mémoires de l'Académie des sciences*, t. 16, p. 53.

Cloez. De l'oxydation des huiles. *Thèse de l'École de pharmacie.* et *Comp. rend.*, t. 61, p. 321 et 918.

Hager. Sur les altérations du chloroforme. *Union pharm.*, 1868, p. 111.

Herschel. Act. sur les tart. et les citrat. de fer ammon. *Philo. Trans.* (2), 1842, p. 181.

Lallemand. Ess. de romarin. *An.* (3), t. 57, p. 404.

Levol. Air humide et lumière sur l'oxyde de plomb. *An.* (3), t. 42, p. 196.

De Luca. Recherches sur le coton-poudre. *Com. rend.*, t. 5, p. 487.

Mohr. Sur les solut. alcal. d'arsénites produisant des arséniates. *Traité d'Anal. chim. à l'aide des liq. titrées*, 1875, trad. Forthomme, p. 342.

Payen. Sur le coton-poudre. *Comp. rend.*, t. 59, p. 415.

Personne. Altérat. du chloroforme. *Comp. rend. de l'Ac. de Médecine* et *Thèse pour le Doctorat*, Paris, 1875. — *Soubeiran*, t. 2, p. 802.

Polk. Calomel et sucre. *Pharm. Zeits. für Russ.* 1878, t. 17, p. 5o1.

J. Schoras. Décolor. des solut. de tartrate ferreux. *Deut. Chem. Gesell.*, t. 3, p. 11.

Sobrero. Es. de téréb. humide et lumière. *Comp. rend.*, t. 33, p. 66.

Tanret. Sur l'Ergotinine. *Comp. rend.*, t. 81, p, 896. — *Réper. de phar.*, t. 3, p. 708; t. 5, p. 531; t. 6, p. 197.

R. Warrington. Note sur la nitrification. Différence entre les effets constatés à la lumière ou dans l'obscurité. *An. de ch. et de phy.*, août 1878, p. 568 à 574; voir aussi *Cavendish society's translation*, t. 3, p. 68; t. 7, p. 92.

Wittstein. Décolorat. des solut. de tart. ferrique. *Répert.*, t. 86, p. 362; t. 92, p. 2.

Yvon. Conservat. de l'iod. d'éthyle. *Union pharm.*, déc. 1878.

Paris. — Imp. Gauthier-Villars, 55, quai des Grands-Augustins.